人类的芳邻

鸟兽鱼虫皆朋友

黎先耀 梁秀荣 高桦 主编

广西科学技术出版社

图书在版编目（CIP）数据

人类的芳邻 / 黎先耀，梁秀荣，高桦主编. —南宁：广西科学技术出版社，2012.8（2020.6 重印）

（绿橄榄文丛）

ISBN 978-7-80666-217-5

Ⅰ. ①人… Ⅱ. ①黎… ②梁… ③高… Ⅲ. ①动物—普及读物 Ⅳ. ① Q95-49

中国版本图书馆 CIP 数据核字（2012）第 192791 号

绿橄榄文丛

人类的芳邻

RENLEI DE FANGLIN

黎先耀　梁秀荣　高桦　主编

责任编辑：黎志海		封面设计：叁壹明道	
责任校对：苏兰青		责任印制：韦文印	

出 版 人	卢培钊	
出版发行	广西科学技术出版社	
	（南宁市东葛路 66 号　邮政编码 530023）	
印　　刷	永清县晔盛亚胶印有限公司	
	（永清县工业区大良村西部　邮政编码 065600）	
开　　本	700mm×950mm　1/16	
印　　张	13	
字　　数	167千字	
版次印次	2020年6月第1版第4次	
书　　号	ISBN 978-7-80666-217-5	
定　　价	25.80元	

本书如有倒装缺页等问题，请与出版社联系调换。

目 录

三、昆虫诗篇

四、水族世界

五、宠物恋歌

卷首篇

要讲自然道德

谈家桢

　　人类不是地球的唯一居民。形形色色的野生动植物，也是地球的重要居民。它们是人类的亲密朋友。正是依靠了野生动植物的养育，人类的祖先才得以生存和繁衍。今天，人类的生存同样也离不开野生动植物朋友。

　　然而，令人痛心的是，为人类生存作出卓越贡献的动植物朋友，正以惊人的速度离开地球舞台。据悉，我国已成为世界上受荒漠化危害最严重的国家，受害面积已超过国土总面积的三分之一。作为自然生态环境的重要组成部分，野生动植物自然首当其冲，成了最大的受害者。1988 年底，世界野生动物基金会报告指出：未来 40 年内，亚洲象、华南虎、黑长臂猿、扬子鳄、黑颈鹤、河豚等珍稀动物将从中国大陆上消失！同样，在我国 30000 种高等植物中至少有 3000 种已受到威胁，甚至处于濒危灭绝的境地。野生动植物的遭遇及保护状况，反映了一个国家、一个民族的科学文化发展水平，标志着一个国家国民的文明程度。保护这些野生动植物已经到了刻不容缓的地步。对此，国内外的有识之士都在大声疾呼：救救野生动植物！

　　大量事实表明，人类已经成了野生动植物的最大天敌。盲目地毁

林垦荒、愚昧的狩猎旧习、饕餮的贪婪，使一批又一批野生动植物死于非命。我认为，保护野生动植物是我们每个公民的神圣职责；我们每个人既要讲社会道德，又要讲自然道德。我们应该明白：当地球上的野生动植物陷入困境的时候，最大的受害者是人类自己；人类必须从自私的心态中解放出来，学会和它们和睦相处；当人类用爱心对待一棵小草、一只青蛙的时候，它们也同样会以爱心关照人类，为了人类的现在和将来，我们必须保护好与我们同在一片蓝天下、同在一块土地上的野生动植物。

一、人的近亲

人类聪明的"表兄妹"

张　锋

在科学界确认了 3 种大猿在分类学上的地位后，科学家们又从解剖学、遗传学和心理、智力等方面对黑猩猩、大猩猩和猩猩作了较深入的研究，取得了许多新的成果，因此，在介绍 20 世纪 60 年代起对野生大猿的深入考察之前，有必要从近处认识一下我们的这三位"表兄妹"。

当你在动物园猩猩馆见到 3 种大猿时，马上会有这种印象：它们和人长得多像呀！确实，大猿坐立、伸腿、躺下和攀爬的姿势和我们人类十分相像，它们喜怒哀乐的表情和人也几乎一个模样：烦恼时也会皱眉，有疑问时会搔头，不如意时也会像人一样大发脾气，只是它们尖嘴猴腮，浑身长毛罢了。

类人猿有 4 种：黑猩猩、大猩猩、猩猩和长臂猿。其中黑猩猩、大猩猩、猩猩因体形较大又被统称为大猿。类人猿大多长着黑毛，只有猩猩身披褐毛，故而又称褐猿。四兄弟中长臂猿个子最小，身高不到 1 米，可是双臂特别长，在树间攀援快如飞鸟，能跨过 9 米的间隔，所以称得上是一名出色的"杂技演员"。它是我国现今唯一生存的一种类人猿，分布于云南、海南岛一带。大猩猩虎背熊腰，身高可到 1.8 米，雄性体重近 200 千克。美国圣地亚哥动物园有一只大得出奇的大猩猩，体重近 300 千克！真可以称作灵长类的"巨人"。猩猩、黑猩猩的体重和人相近，猩猩稍重些。成年雄性猩猩一般身高 1.4 米左右，体重 70～80 千克，脸颊两边长有一对脂肪性的厚垫，高高耸起，脖子下又挂起个大袋子，很像个林中老人。黑猩猩呢，则长着一对特大的招风耳。

在动物大家庭里，哺乳动物中的灵长目算是高等种类。在灵长目中，除了人，就要数类人猿最高等。它们的脑子比猴子大，智力也比猴子发达。从平均脑重（成年雄性）来看，黑猩猩约为 420 克，大猩猩约为 535 克，猩猩约为 424 克，长臂猿约为 104 克，和人的平均脑重（约为 1330 克）相比自然低得多，可是在动物界，类人猿算得上是佼佼者了。

早在 20 世纪 20 年代起，心理学家就对类人猿的智力展开了研究，发现它们有很强的学习和模仿的能力，能解决其他动物无法解决的难题。心理学家海斯用了 7 年时间，观察了身边的黑猩猩"维基"的智力，发现它 1 岁零 4 个月时就会帮着主人掸（dǎn）尘、洗碗碟、推动吸尘器清扫地毯，等再长大一些后，它还会梳头、剪指甲、用锯子、削铅笔。经过训练，黑猩猩还能熟练地按动电脑键盘和人对话。有一只叫"科科"的大猩猩，经过心理学家帕特森 13 年的精心教养，学会了使用 500 多个手势语单词，而且会用手势语表示出"讨厌的家伙"、"温柔的好猫咪"这一类的意思。

类人猿这么聪明是有根源的。科学家经过研究，发现它们具有和人相似的血型，它们的血浆蛋白、脱氧核糖核酸分子等的构造和人很接近，遗传物质——染色体的数目和人差别很小。对化石的研究更进一步证明，在一两千万年前，类人猿和人有一个共同的老祖宗，它们像是同一棵树上的两个杈，所以我们可以称类人猿为"表兄弟"。只是由于环境的变化，其中有一支下地行走，参加劳动，才出现了万物之

灵的人类。

类人猿是十分重要的实验动物，它是医学家、心理学家和人类学家的重要研究对象。我们知道，人类易患的感冒、结核、麻疹等一二十种疾病，类人猿也几乎都会患，所以在医药学方面，人们往往把它们看作是最理想的实验动物。人类要上天，需要克服生理和心理上的许多障碍，就首先用大猿进行模拟探索。1961 年 1 月 31 日，一只叫哈姆的黑猩猩成为宇宙飞船"水星号"的唯一乘客，在 16 分 30 秒钟的太空飞行中，它作为"先遣人员"顺利地完成了这项光荣使命，这之后美国才派遣了第一名宇航员进入太空。

我和黑猩猩交上了朋友

[英] 珍妮·古多尔

　　珍尼·古多尔（1934～ ），英国著名女灵长类学家，1960 年在肯尼亚自然历史博物馆馆长利基的支持下，只身进入坦桑尼亚森林考察野生黑猩猩，历时 30 多年，揭开了黑猿王国的内幕。

　　老母猩猩芙洛在公猩猩中交游甚广。有一次，芙洛把它的倾慕者都领进了营地。除了迅速走进草地来吃香蕉的大卫和戈利亚之外，还有马伊克、简·比、马克·格利戈尔、哈克司利、利基、西龙、鲁道尔夫、哈姆弗里——一句话，我所认识的公黑猩猩几乎全到场了。它们呆在灌木丛中，没敢靠近帐篷。后面还有几只母的和幼年的黑猩猩，后来，我们的客人见到香蕉不禁馋涎欲滴，终于壮着胆子纷纷从丛林中跑了出来。

　　这样，黑猩猩们对营地很快就熟悉了，并且从此成了常客。我和雨果（作者的丈夫）结婚前，坦桑尼亚贡贝禁猎区传来消息，说是芙洛生了儿子。为了尽快返回贡贝，我们把原来计划中的蜜月缩短到了3 天。当我们赶回禁猎区时，芙洛的新儿子已经满 7 周了。我们把它取名叫做弗林特。它真是又小又弱，肚皮和胸前的皮肤是粉红色的，一点毛也没有。当芙洛带着攀附在它身上的婴儿，走得离我们很近时，我们是何等激动啊！弗林特真是妙不可言：它有一张苍白的带皱褶的脸，一双闪光的小眼睛，一对圆圆的粉红色的小耳朵，弯着挺小挺小的粉红色的小指头，老是不断地抓着芙洛的毛，开始用小嘴去探索乳头。芙洛帮助它，把它稍稍抬高些。它吮了两三分钟的奶，大概是睡着了，芙洛用手紧紧抱着它，慢慢走开了。

在我们离开营地的这一段时间，多明尼克和克里斯又接待了许多新的来访者，它们中间还包括一些母黑猩猩，新客人们开始经常光临营地。马伊克取代戈利亚成了黑猩猩之王，而我们所观察的一只年轻的母黑猩猩密利莎怀孕。此时还传来了令人不甚愉快的消息：黑猩猩在营地的举动变得越来越放肆了。它们任意破坏和拆毁营地的建筑物，黑猩猩的灵巧又发挥了威力。费冈和艾维莱德把木棍伸进铁丝下边，撬开了箱盖上的铁门。愈来愈多的黑猩猩，学着大卫的样子，钻进帐篷，乱抛被褥和东西。这样，逼得我们把一切东西一古脑儿放进大铁箱或木箱子里。由于戈利亚带头，整个猿群对篷布都大感兴趣。一小群、一小群的黑猩猩坐在一起，把帐篷的一角或者椅座撕成小片，然后惬意地大嚼起来，有些帐篷就这样报销了。后来木头也变成了吃香的东西，于是，柜门、椅子腿也都无影无踪了。

这时，几只最大、最胆大妄为的公黑猩猩，又干起袭击非洲居民茅屋和拿起他们的衣服的事来了。我们经过认真的讨论，决定立刻将饲食站转移到离村子远些的深谷中去。我们在新地点设置了投喂香蕉的箱子，以后又把帐篷和装备搬了过去。为了避免引起黑猩猩的不安，这一切都是在夜间悄悄进行的。

剩下的事就是让我们的黑猩猩熟悉这块新地方了。一早我就呆在饲食站，期待着有哪只黑猩猩偶尔来此拜访。我为它们准备了香蕉。雨果在下面老营地里，我们用随身携带的步话机交谈。11点光景雨果通知我，老营地里来了大群猿猴，他准备将它们带往新的营地。我听他说的是：要我尽快地到通到新营地的小路上，尽量多抛撒些香蕉。

我抓起一大串香蕉，奔跑着去迎接雨果。我很快看见了他——他腋下夹着箱子，手里拿着一只香蕉，沿着小路奔跑着。雨果往后面掷出这唯一的一只香蕉，气喘吁吁地跑着，摔倒在我旁边。也就在这个时候，一群黑猩猩在小路上出现了。它们看见了抛撒在地上的成串的香蕉，兴奋得尖叫起来，互相拥抱和接吻，享受着这意外的盛宴。过一会儿，它们的尖叫声逐渐沉寂，嘴巴被香蕉塞满了。

　　黑猩猩很快习惯了这个新设的饲食站。它们习惯于在森林里转悠觅食，因此搬迁一事并未引起特别的周折。

　　在这离湖遥远的新营地里，黑猩猩感到格外安适。到新营地领取香蕉的，有一些我们不相识的新人物。某些年龄的猿群，例如少年黑猩猩和年轻的母黑猩猩，过去是很少登门的，现在也光临了。这使我们很高兴，我们终于可以填补观察记录上的空白了。一看到新的来客，我们立刻在营帐里躲藏起来，通过防蚊纱窗注视着它们。由于没有人在场，新的来访者对营地中它们所不熟悉的营帐和箱子，很快就习惯了。我们甚至从箱子中取出好几大串香蕉，并将它分散地摆在可以看见的地方，期待着新的来访者可能通过向我们的老相识请求，而得到一些香蕉，或者哪怕是捡起一点丢弃的香蕉皮。然而新的客人行动很迟疑，它们长久地坐在围绕营地的树上，并小心地注视着同伴们的行动。我们也注视着它们，尽管在密不通风的帐篷里炙烤得闷热难忍，但是我们的苦楚并没有白受。

　　有一次，戈利亚出现在我们营地附近，还有一个我们不认识的外皮红肿的母黑猩猩陪伴着。我和雨果赶紧在箱子前摆出一串香蕉，并躲进了帐篷。母黑猩猩一看见我们的营地，便疾如闪电地攀上树梢，坐了下来。戈利亚停了一会儿，望了母黑猩猩一眼，然后看着香蕉，果断地朝营地方向移动。走了几步它重又停下，再看看它的"女伴"，母黑猩猩还呆在原地。于是戈利亚继续向前走，但就在这时，母黑猩猩悄悄地从树上溜下来,钻进了灌木丛中。戈利亚见此情景,便也急忙返身奔去。几分钟以后,那位"女伴"又爬上了另一棵树。而尾随着它的是毛发蓬松的戈利亚。戈利亚开始狂热地为母黑猩猩捋毛,但想吃香蕉的念头显然使它难以安宁——它不时朝营地的方向张望,香蕉使它馋涎欲滴,欲罢不能。

就这样到达了设着营帐的林间草地,戈利亚碰到的问题更加复杂了——从地面上它看不见"女伴",而附近又没有树。有三次它往回走,以便爬到最近的一棵树上去观察。"女伴"还坐在原先的地方。最后,戈利亚下定了决心,直奔香蕉。它只抓起一只香蕉,就奔回到大树。"女伴"一直留在原地,戈利亚一吃完香蕉,就立即从树上溜下来,奔回香蕉,把整串香蕉都抓走了。就在这时,只见它的"女伴"偷偷地溜下了树,并不时张望营地那边,当"女伴"确信戈利亚警惕的眼睛不再跟踪着它时,她便悄然消失了。

戈利亚一惊,丢掉了香蕉,开始搜索"女伴":它搜寻了灌木丛,不时爬上树去寻觅"女伴"。但这样还是没有找到"女伴",于是它便干脆放弃这种毫无结果的寻找,返回营地。它坐在地上吃着香蕉,偶尔瞥视了一下原先"女伴"坐过的地方。看来它已疲惫不堪了。

大约就在这个时候,我们第一次发现了费冈的杰出才能。饲食站来访者的数目日益增多,以前的饲食系统无论对它们或是对我们都已经不适合了。从基戈马订制的钢制箱盖显然不敷应用,而母黑猩猩和小黑猩猩老是得不到自己的那份香蕉。所以我们开始将果品藏在枝叶里。少年黑猩猩,特别是费冈,很快地学会了找到它们。有一次,成群的黑猩猩已经吃完东西,费冈看到了树枝间谁也没有留意的香蕉。但是它不能立即就去拿,因为在这棵树下坐着戈利亚。费冈很快地瞅了戈利亚一眼,走到一旁,在帐篷后面坐了下来,而从那儿它是可以看见香蕉的。过了15分钟,戈利亚站起来走了,这时费冈闪电般地扑向大树，抓得了果品。非常清楚，费冈是估计了形势的：如果它过早爬上树去，戈利亚肯定会从它那儿夺走果品的。费冈也不能停留在原先的地方——它自己会老盯着香蕉，这放美味的地方最后将被其他黑猩猩发现，因为它们会根据它眼睛的活动看破这一点。所以费冈不仅克制住自己的那种急切的欲望，甚至后退了一步。为了不致"满盘皆输"，像一个优秀的竞技者一样做了一个漂亮的假动作，巧妙地赢得了最后的胜利。我与雨果为费冈的行为感到震惊，而它以后还不止一次地使我们惊奇过。

照例，只要一只黑猩猩离开正在休息的猿群朝外走去，其余的就会起身跟着走。不仅是首领，即使是母黑猩猩和将成年的黑猩猩一带头，别的黑猩猩也会跟着走。有一次，费冈和一群黑猩猩一起来到饲食站，以便得到两三只香蕉。突然，它站起来向森林里走去。别的黑猩猩都跟着它。大约过了10分钟，它独自回来了，自在地吃起香蕉来。我们以为这只不过是巧合，因为以前没有发生过这样的事。但是后来这种场面又出现了多次：费冈引走猿群，自己再回来吃香蕉。毫无疑问，它是有意这样干的。有一次，它耍了手腕以后，无忧无虑地又回到营地来了，看到营地里有一只等级地位相当高的公黑猩猩。公黑猩猩安安静静地吃着香蕉。费冈长久凝视着他，然后拼命大叫，用脚跺地。它叫喊着，去追赶刚被它引开的猿群了。它的叫声在远处久久未能平息。

这座营地对我们新婚夫妇来说是一处妙不可言的胜地。营帐隐没在成片的油棕树的浓荫里。不大的林间草地，绿草如茵，爽心悦目；石栗树鲜红的花朵给这片翠绿增添了特殊的色调；金色的太阳鸟飞来飞去采着蜜；傍晚，谨慎的林羚不时地从营前驰过。在林间草原的远端，溪流淙淙作响，傍晚我们就在清凉的溪水中游泳。

这是多么幸福而难忘的时光啊！山林之美任凭我们享受，爱情充实了我们的生活，而工作，又给我们带来了极大的欢悦。我们更加勤奋地观察动物，并了解了许多新的东西。

过了几个星期，我们进行了一次十分有趣的观察。那天，我和雨果见到了黑猩猩是怎样"制作"工具的。我们一面慢慢地跟着奥尔莉、吉尔卡和艾维莱德在林中漫步，一面对它们进行着观察。忽然，艾维莱德站住了，它对着一棵被风吹倒了的树干，弯下身子向一个小树洞里察看着。然后它摘下一些树叶，嚼了一嚼再吐出，并将吐出的树叶塞进了这个树洞里。当它从树洞取出一团嚼过的树叶的时候，我们清楚地见到了树叶团上面挂满了水滴。艾维莱德从自制的"海绵"里吮吸水分，又将它重新放进"泉水"里去。这时候吉尔卡走近它，同时仔细观察着它的行动。当小哥哥饮干了"泉水"以后，吉尔卡也做了一块小小的"海绵"，将它塞入树洞里；但是没有喝成水，因为水已经没有了。吉尔卡丢掉"海绵"走开了。以后，我们在离营地不远处倒下的树干上人为地挖了个不大的洞，我们便多次看到，黑猩猩怎样使用树叶做的"海绵"。它们总是预先嚼嚼树叶，因此就自然大大地增强了这种"海绵"的吸水能力。这是有意地改变物体，并使用它们作为工具的又一个重要实例。

（刘后一　译）

"猩猩夫人"

[美] 哈罗德·海斯

在非洲的心脏，卢旺达境内的维龙加山，山深林密，道路艰险。海拔 3000 多米高处有一个十分简陋的小屋，美国妇女黛安以此为据点，观察和研究珍贵动物大猩猩。

1985 年底的一个深夜，歹徒破墙而入，闯入黛安的高山小屋，用割甘蔗的砍刀向她砍去，然后逃之夭夭，什么也没有偷走。显然，这不是谋财害命，而是报复案。凶手至今没有查获。

黛安的青年时代是在美国肯塔基州路易斯维尔度过的，生活安宁平静。进入而立那年，她读了一本关于大猩猩的书，深有感触，决心做一番事业，从事大猩猩的研究。于是她放弃了年薪 5200 美元的工作，领了一笔 8000 美元 3 年期限的贷款，远涉异乡，飞到非洲，打算一睹大猩猩的风采。一到非洲，黛安首先拜访美国籍的远古人类学家路易斯·利基。他长期在非洲，从事人类起源的研究。根据动物分类学和细胞分析，大猩猩在数百万年以前可能就是人类的祖先。利基打算物色几个妇女对大猩猩进行研究，他们是否是科学家倒无所谓。因为他觉得科学家往往墨守成规，对问题看得太死，而且女人比男人更有耐心，更富有锲而不舍的精神。所以他一直在物色有志于此的妇女。利基非常赞赏黛安的决心，于是派她去扎伊尔研究大猩猩。

黛安不仅对动物行为学一窍不通，对非洲语言也不懂，而且连野营的常识也没有。在去刚果前，利基特地安排两天让一个女研究员给她讲授野外观察知识，并给她买了一辆旧越野车。野生动物摄影师鲁特为她驾驶了900多千米，经过坎坷不平的道路，来到扎伊尔。越过卢旺达边境，便是卡巴拉草地，鲁特就在这里给她挖了个厕所坑，并安装了一个贮水箱。两天后他就驾车回内罗毕。留下黛安孤单一人。她钻进帐篷，拉上拉链，蒙头大哭起来。第二天，她就开始了独立行动。仅一两个月，她就学会了搜寻大猩猩。刚满6个月的一天，她从森林回到营地，发现几个士兵已等着她了。她被莫名其妙地押下山，软禁在一个兵营里达两个星期。她后来设法骗过看守逃出来，绕道乌干达，又回到肯尼亚首都内罗毕。

利基十分赞赏她那坚忍不拔的精神，再次给她提供装备，这次派她去卢旺达的维龙加山脉。

在这一带，有一个叫罗莎蒙德·卡尔的美国女人，她长得漂亮、端庄，住在简朴的小庄园里，住房周围蔓藤覆盖，花园里栽培着名贵花卉，以售花为生。黛安开车来到卡尔夫人家门口，请求女主人把这房子借给她作为基地，以便上山去观察大猩猩。"她真讨人喜欢"，卡尔夫人回忆说，"高高的个儿，穿着灰白色的套装，脚蹬网球鞋，这就是她的随身物品了。我说山上没有大猩猩，她斩钉截铁地说，一定有。"

几个星期后，黛安在山上安营扎寨，果然发现了大猩猩的踪迹。山上长着一片热带森林，面积虽小，但树木茂盛，有些地方，人和动物难以通过。那里空气湿润，经常云遮雾缭，海拔高处，寒冷彻骨。

黛安来到卢旺达没多久，美国《全国地理》杂志便派肯尼亚籍英国人鲍勃前来同她做伴，专门给她的研究工作作摄影实录。

要接近大猩猩可真是一件大难事。黛安好不容易发现了大猩猩，她站住不动，想让大猩猩习惯她的存在。可是这些动物见人就逃。有时候，对外来者厌不可耐。有次猩猩王拍拍胸脯，张嘴大吼，竟冲将过来。要不是身临其境，根本体会不到180多千克重的大猩猩扑过来有多可怕。拍照就更难了，鲍勃的手直打抖。其实，猩猩王只是吓唬入侵者而已。黛安不能靠近大猩猩作深入观察。鲍勃的照片也拍不成。鲍勃向黛安建议，由他接近猩猩，然后跪伏在地上向它们称臣。这一方法果然奏效，大猩猩见来者甘拜下风，自鸣得意，就让鲍勃接近。黛安也照此办理，果然生效。

黛安给一只幼猩猩拍了一张相片，并给它取名叫迪吉。这一下，迪吉便名扬天下。迪吉的照片还成了大猩猩的标准像。卢旺达政府将这张照片作为旅游广告，广为宣传。美国《全国地理》杂志上不断载文介绍黛安的活动。不多久，黛安和卢旺达的大猩猩便闻名遐迩。

只有鲍勃知道黛安付出了多少代价。她在潮湿的密林里花了许许多多的时间，耐心观察，细心记录，为了观察，她常常得爬高、悬空，并因此患了高空恐惧症。有一次，黛安从高处跌下，断了几根胫骨，刺穿了一叶肺。但她连治疗都顾不上。几星期后，她才有机会到比利时去看医生，做 X 光检查。医生给她动了手术，切去部分肺叶。

黛安总有这么一股韧劲。她从森林回到营地，常常浑身湿透，又累又饿，却顾不上吃饭，忙着写笔记，直到深夜。不时有旅游者来到她的帐篷，要黛安带他们去看大猩猩，还要给他们烧饭做菜。黛安最讨厌做家务，她的饮食起居十分简单，把身心全扑在高山的大猩猩上。那时候，黛安不由自主地采用拟人化的观察方法。"她的眼神真不可捉摸。"她在笔记里也用拟人手法描写一只雄性小猩猩，"他盯着我看，好像在问：'你是谁呀？'我也同样盯着他。我第一次感到，我跨越了人和猩猩之间的障碍。"两年后，黛安又碰到这只猩猩。"我躺在树叶上，慢慢伸出手放在地上，手心向上。那只小猩猩盯着我的手看了好一会儿，然后也学着我的样子……"曾同她一起工作过的研究员比尔·韦伯说："黛安爱上了大猩猩，大猩猩成了她的好朋友。"

说起婚事，黛安也是个老大难。她多想结婚生孩子呀！快40岁的人了，找对象可不容易。她常常自我解嘲地说："等我来世投胎，一定要长得漂亮些，成为一个身材修长的金发美人。"朋友们同情地说："其实，她是个迷人的女人，有血有肉的。你知道她订了两次婚，两个未婚夫都动员她下山去，她就是不愿离开她的猩猩下山去。她只看中一个男人并愿意跟他下山，可是……"卡尔夫人叹了一口气说："这个人拒绝她的爱。"她从此把自己全部的爱献给了与她朝夕相处的猩猩，被公认为20世纪卓越的野外猩猩观察家，还被戏谑地称为利基的"猩猩夫人"。

物质条件的艰苦、个人婚姻还是小事，黛安最恨的是偷猎者。虽然他们不是专为捕捉大猩猩而来，但他们在大猩猩的活动区域设下陷阱。大猩猩不是指头被割断，就是断肢缺腿，甚至伤口溃烂而死。再说，欧洲旅游者千方百计想搞到一个猩猩头颅作为纪念品，欧洲一些动物园也想方设法购买幼猩猩饲养。大猩猩有时为了保护幼猩猩，只得奋起同偷猎人搏斗，结果脚掌被砍断。黛安最喜欢这个名叫迪吉的小猩猩，当初它还是个毛茸茸的小东西，刚长大就不幸被偷猎者杀死。黛安悲痛万分地把迪吉葬在营地附近。

为了制止事态的恶化，黛安想方设法把这一消息通过新闻媒介传了出去。大猩猩濒临绝种的危险这一信息顿时引起世界各国的注意，不少国家的动物保护机构和组织纷纷采取措施。于是一个专门保护高山大猩猩的国际机构应运而生，这家机构资助卢旺达建立了一支反偷猎巡逻队，并帮助发展卢旺达的旅游事业。那时，黛安也已摸索出一套方法，使人同大猩猩能坐在一起，互不攻击，和平共处。她建议让国外旅游者花些钱，享受一下同大猩猩席地而坐的乐趣。这样，卢旺达的外汇收入就滚滚而来，从而也使卢旺达政府认识到，稀有动物资源是何等宝贵的财富。

黛安的名气与日俱增，财源不断。美国科内尔大学聘请她为客座教授，各地邀请她去巡回讲学。1983年她写的《迷雾中的大猩猩》一书出版，颇为畅销。电视台播放了她的专访，捐款源源流入迪吉基金会。可是一回到她的高山营地，黛安又得进行她那对付偷猎者的"严峻的战争"。

黛安为纪念惨遭不幸的小猩猩迪吉，亲自创建迪吉基金会，归她掌管。这个基金会的唯一目的是把偷猎者赶出去。她利用基金会的这笔款子以及她出版书的稿酬，亲自组织了一支私人巡逻队，黛安常担忧地说："看来在我死后10年，这些动物就会绝种。"靠这支巡逻队，黛安随时了解掌握保护区域的情况，并把所有来访者、旅游者，还有偷猎者，统统拒之"门"外。

她对偷猎者深恶痛绝，一旦被她抓到，就吩咐她的巡逻队员用带毒汁的荨麻枝鞭挞，抽打在身上就像电刑一样难受。她还没收偷猎人的财物。

一次，她发现有3只大猩猩被杀。她的学生们认为那是偷猎者对她施行残酷的报复。还有一次趁她暂时离开卢旺达时，一些人捣毁了她的小屋。从此她为防遭不测，在屋里准备了两支手枪以自卫。

为了保护非洲尚存的几百只猩猩，黛安最终竟不明不白地惨遭杀害。野生动物摄影师鲁特认为黛安的致命伤是她自己当了一个执法者，最终导致她的惨死。但总得有人出头保护大猩猩，把偷猎者赶出去，这个人就是黛安。如果不是她多年的艰辛努力，卢旺达境内的大猩猩早就绝迹了。目前卢旺达尚有280只大猩猩，比黛安刚去世时没减少反而还增加了一些。人们至今怀念她，盛赞她是个百折不挠、富有献身精神的女性。

（郑　帆　译）

我做了褐猿的"养母"

［美］盖尔迪卡丝

已经是早晨8点多钟了，加里曼丹的森林仍是黑蒙蒙的一片。我躺在帐篷里，因为怀孕已经8个多月了，行动很不方便。突然，我的丈夫罗德·布瑞达莫叫喊着跑进帐篷：

"你的那些猿孩中有一个死了！"我不禁大吃一惊，一跃而起，跟着他飞快地跑到河边，那里躺着一个毫无生气的死猿尸体。这是一只我所钟爱的未成年雌猿，名叫杜伊。看来，它是被淹死的。

几只野猿（即猩猩，又称黄猩猩）围在杜伊的身旁。赛斯渥从树上倒挂下来，用棍子戳着杜伊；半成年的雄猿克达尔轻轻地拿起死猿的一只手，握了一会儿；年幼的雌猿索贝棱则抓着杜伊的臂膀摇晃着。

这时我注意到苏基托安静地坐在一棵树上。它是我们收养的第一个婴猿，现在已经7岁了。它以滑稽的表情向天空看着，这是我从前从未见到过的。它有意把脸转到别处，避免向杜伊的方向看。过了一会儿，苏基托慢慢地转过身来，下到地面走向杜伊，它的举动和别的猿完全不同。我疑惑地注视着它，只见它在杜伊面前站了起来，把两只胳膊举过头顶，颤抖着，然后又放了下来，如同佛教徒拜菩萨一样。我一下子明白了，是它杀死了杜伊。

面对这悲惨的一幕，我意识到，我抚养了多年的即将成年的雄猿苏基托是一个危险分子。它是那样的聪明好动，会使用工具，还具有嫉妒心。

几个月前，有一只可爱的婴猿被淹死了，还有几只被弄成了残废。显然，凶手来自营地内部，与营地之外的野猿毫无关系。成年的野猿珍惜团结，性情温和，一般都是互不侵犯，我也从未观察到它们之间彼此残杀。苏基托却不同，它是由人类的母亲养大的，接受了人类的"文明"而丢掉了野猿的纯洁，它出于对那些取代它而受到我宠爱的小猿产生嫉妒才下了毒手。

罗德和我陷入了窘境，我们不仅要对苏基托负责，也要对别的猿和营地的安全负责。几个月来，我们对如何处理苏基托进行了仔细的考虑，但却未能得到令人满意的解决。

科学界认为，人类和野猿有着共同的祖先。野猿和黑猩猩、大猩猩一样，是人类最近的亲戚，也是除人以外地球上最有智慧的动物，研究野猿可以给我们提供一条研究人类起源和进化过程的有效途径。

多年来，我一直梦想在类人猿的故乡加里曼丹的密林中去研究它们。作为洛杉矶加利福尼亚大学人类学的毕业生，我得到了已故的拉凯博士的鼓励和资助，我的梦想实现了，我终于来到了世界上第三大岛——加里曼丹岛。

加里曼丹横跨赤道，四周为南海、爪哇海、苏拉威西海和苏禄海所环抱，面积为73.4万平方千米，分属印度尼西亚、马来西亚和文莱三国所有。我在加里曼丹南部的密林中建立了研究基地，基地的南边是库迈湾和普廷角，这里栖息着各种各样的飞禽走兽、花鸟虫鱼。我的研究对象——野猿就生活在这热带密林中。为了支持我的工作，我的丈夫放弃了自己的计算数学的研究，和我一起来到这里。

我最初的观察证实了科学家的发现：已经成年的猿不同于猴子，它们基本上单独生活，雄性独自在林中游逛，而雌性则常常带着一两只不能独立生活的子女。但我很快发现，发育未成熟的雌猿和即将成熟的雄猿比它们的父母有更广泛的社交性。我幸运地从杰季娜、法恩和麦德三只幼雌猿的成长过程中记录到了这种情况。麦德和法恩并非一母所生，因而它们之间的密切关系不是同胞之间的关系。1971年我第一次遇到法恩时，曾看到一个有趣的场面：小法恩牢牢地抱着妈妈费恩的脖子，骑在背上，而它的姐姐法莱丹则依偎在妈妈的身后，这使得这位母亲在树上爬行时显得很吃力。

我常常看到杰季娜、麦德和法恩三只未成熟的雌猿一起去旅行、玩耍和互相修饰打扮。但1973年杰季娜生了孩子以后，变得常常袭击别的猿，麦德和法恩就逐渐停止了与它的交往。

营地还出现过这样的事：一天，一位工作人员无意中把猿的晚饭堆成一堆，而没有像往常那样分成一份份的。加丹尔这个充当首领的雄猿立即霸占了全部食物，一边吃着，一边不许别的猿走近，直到它吃饱离去。而接替它的是刚才被激怒的雌猿瑞纳，它摆出了一副统治者的架势，一手拿着棍子轰赶接近它的伙伴，另一只手拿着匙子慢慢地吃着。它像是贵夫人似的蔑视地看着它的伙伴，细嚼慢咽，平时只有几分钟的晚饭，它几乎花了一个小时才吃完。

1976年下半年，我发现法恩怀孕了。我很高兴，决定跟踪考察。在一个多月的时间里，我天天睡在法恩窝的树下。一天，正下着小雨，法恩匆匆离开吃食的地方，回到窝里，并不断地折一些树枝放进窝里。我知道它就要临产了，可是窝建在距地面22米高的树上，我无法看到它分娩的详细情景。

法恩在窝里折腾了很长时间，时而辗转反侧，时而紧紧搂住树干。两小时后，它才平静下来，这说明它已生完了。尽管我所见到的这一幕略有些平淡无奇，但这毕竟是我第一次见到的野猿生产。

直到第二天早晨，我才看到新生的婴猿。这是只小雄猿，我管它叫菲伯（英文2月的译音），因为它是2月份生的。它的个头很小，只有2千克重，但却很健壮。第一次做母亲的法恩常常用一只手摇着它，这只手几乎遮住了它的孩子。菲伯出生后，老费恩就成了我所知道的第一个猿外婆。

麦德在1978年也生了孩子。这样，当时的三只小雌猿就都做了母亲。只有几次我才见到麦德、法恩和杰季娜会面，有时去散步。与少年时代相比，三姐妹的关系大不相同了，麦德和法恩都很怕杰季娜。

另外一个我所熟悉的雌猿尼悉也生了孩子。尼悉是与一个名叫尼克的雄猿配偶的，一年中尼克不断地出现在营地周围，直到尼悉怀孕。尼悉的孩子是一只小雄猿，我叫它尼德。我不知道尼悉的母亲是谁，但我深信它和另一只雌猿毕兹来自同一个地方。

成年的野猿是比较自私而不合群的动物，看上去它们似乎对什么都不感兴趣，但我却看到了与此相反的事实：有一天我看见尼悉和毕兹两只成年的雌猿在一棵结满果实的树上见了面，双方互相拥抱，这使我惊呆了。

另一次我见到小尼德离开妈妈，跑到河对岸的树上。毕兹正在上面津津有味地吃果子，小尼德就无拘无束地跟它玩了起来，而毕兹一直温和地陪着小尼德。这使我深信，尼悉和毕兹有着密切的关系。

我第一次见到毕兹是1971年，当时它的脖子上骑着它的儿子小毕特，毕特只有1周岁。

据记载，野生的雌猿每三四年生育一次，但毕兹是在1977年生第二胎，费恩是在1979年再次生育，它们的生育间隔是八九年！

当毕兹在1976年到了发情时期，小毕特已经断奶了。这时营地周围出现了陌生的雄猿踪迹。起初我常常听到一种长长的叫声，这是一种一连串的嘟囔声，并以大声吼叫而结束。这是加里曼丹密林中最瘆人的声音，只有成年的雄猿才能发出。我头一次听到这种声音时，还以为是醉象呢。

在正常情况下，尼克一天要叫上三四次。一天早晨，我发现它一瘸一拐地走着，没有往日那威风凛凛的叫声，而附近却传来另一只雄猿的叫声。我顺着声音寻去，发现是瑞尔弗，几年前它曾是我们营地的成员。它浑身上下都布满了伤痕，后背上的一条又深又长。这表明它刚刚进行了一场战斗，对手就是尼克。

第二天，我跟在瑞尔弗后面观察。它坐在一棵粗大的树杈上，而毕兹则和自己的儿子坐在另一棵树上。毕兹的心被瑞尔弗吸住了，它向瑞尔弗走去，用藤条拂它的脸，拍它的肚子，用力捏它的胳膊。瑞尔弗受不了这样的"恩爱"，走开了，毕兹跟在它的后面，消失在密林中。

几小时后，瑞尔弗和它的情侣双双而回，这时半公里外又传来了猿叫声，是尼克！瑞尔弗立即向声音的方向跑去。它跑得飞快，我怎么也跟不上它。

很快，我听到远处传来的咆哮声和嚎叫声，这是它们在厮打。恐惧的声音使我的头发都竖起来了。瑞尔弗和尼克在树上厮打了半个多小时，时打时歇，休战时它们面对面地坐着，互相注视对方。瑞尔弗不时发出短促的叫声。后来，尼克走了，瑞尔弗冲着它发出了一连串胜利者的叫声。这时，毕兹带着它的儿子走向瑞尔弗，它们最后都走进了密林。

毕兹和瑞尔弗一起生活了10天，它们每次交配都是在毕兹的怂恿下进行的。我看到毕兹总是在瑞尔弗长叫以后才去接近它。一个多月后，尼克和瑞尔弗都离开了营地。

8年中我只观察到三次情场打斗，而每次战斗都是当着发情的雌猿面前进行的。除此之外，成年的雄猿是尽量避免互相接触的。

有时我也试着把俘获的野猿送回密林深处，惟有雌猿西斯不干，后来它也做了母亲。

有时雄猿也把人当做情敌。有一次，工作人员达拉先生走到营地中央，西斯顽皮地爬上他的后背，那时西斯已有 45 千克重了。达拉吃力地转过身看，看到雄猿独眼龙正对他怒目而视。达拉好不容易才挣脱西斯的纠缠，事情才算完结。独眼龙的嫉妒心很强，每当我们抱起西斯时，他总是激动不安。要知道，这是一种很危险的信号，因为吃醋的雄猿会用它那大而有力的下颚来对付敌手。幸好独眼龙没有袭击过我们。西斯和独眼龙结交了 8 个月，也生了孩子。

有一次，我受到了尼克的威胁。尼克是和我接触最密切的雄猿之一。那次，我试图接近它的情侣——雌猿尼悉，尼悉不安起来，噘着嘴，喘着粗气，发出阵阵尖叫声，走进林中。这时吊在几米高的藤上的尼克突然跳到地面，扑到我面前。150 千克重的尼克用发怒的眼睛盯着我，像是要把我撕碎，我感到恐惧，低下了眼睛。紧张的半分钟过去了，尼克丢下我走进了林中。我松了一口气，远远地跟在它的后面，把刚才的恐惧又抛到一边去了。

我的考察生活是很有趣的，但也是艰苦危险的，因为我是和类人猿生活在一起，过着类似野猿的生活。我和 5 个幼猿睡在一个褥子上，有时我感到是被一群没有礼貌、不守规矩的棕色野孩子所包围。它们会使用工具，爱穿小袜子和小衣服，喜欢大块的食物和罐头，有一种不能满足的好奇心。它们总是喜欢得到宠爱。它们生气时的神色和人类相差无几。

我的儿子彼恩也出世了。在当地方言中，彼恩是一种小鸟，这种小鸟虽小但飞得高。9 个月后，西斯也生了小孩。

彼恩在第一年的成长过程，清楚地表现出了人类和猿之间的巨大差别，这为我们的研究工作提供了鲜明的对照。与此同时，我还抚养了 1 岁多的小雌猿布雷斯。它完全要依赖于母亲，对外界不感兴趣，唯一需要的就是吃。而彼恩却不很爱吃，把食物都给了布雷斯，可他却对周围的世界充满了兴趣。当彼恩开始咿呀学话时，布雷斯只会尖叫几声，其他时候总是安安静静的。

人类进化的有关特征彼恩都表现出来：两足运动、分享食物、使用工具、说话等等。这些都是与他同龄的野猿不具备的。虽然年纪大的野猿也有某些与彼恩相类似的行为，但它们却从未发展成为全面的人类行为。

我常常感到遗憾的是，我不能和它们交谈，问它们问题，叫它们回答。自从科学家成功地教授猩猩手语，我也渴望我的猿孩学会这种语言，以便检验它们是如何理解和认识世界的。我请来了格林先生教它们手语。格林曾用两年的时间教一只猩猩用类似儿童识字那样的卡片与人类进行交谈，对黑猩猩很有研究。

格林的第一个学生是苏基托。它很快就能使用一些简单的信号来表达它的思想。比如当它想吃的时候，就把仓库钥匙交给我。但随着年龄的增长，它变得越来越坏了。它杀死过小猿，咬伤过我的工作人员，不断袭击营地。后来，在它对营地进行了一次严重的破坏以后，罗德和格林抓住了它，把它流放到远处去了。

格林又选择瑞纳来教美国手语。瑞纳是个聪明灵敏的雌猿，格林每天教它一个多小时。它很自由，只要是学烦了，就随心所欲地去玩。虽然它后来的学习速度慢了下来，但它最初的速度却是令人吃惊的，仅在几个星期之内，它就会使用手语，并把含意不同的手语连起来要食物或进行交际。当它用口语说"格林，给吃的""给我好多吃的"时，我无法形容我当时的激动。当我问它"你是谁"，它回答说"亲爱的"时，我止不住大笑起来。

在我们还没有对瑞纳的语言学习技巧和表达方式进行总结之前，格林认为，瑞纳的学习目的只有一个，就是想得到最好的东西——

食物。

布雷斯运用手语就更加广泛，它接受教学的速度不亚于猩猩，也比瑞纳更能在各种不同的情况下运用不同的语句。格林戏谑地称它是他的女儿，天天背着它，教它。

布雷斯是彼恩最好的伙伴。当他（它）们迅速成长时，我甚至有些担心，因为彼恩处处模仿布雷斯，学它的表情、声音和动作，像布雷斯那样抓着树干爬上去。当我去抱他时，他会像野猿那样用两只胳膊轻轻地挂在树上，甚至还会咬人呢！他也学会了一些手语，但这不是我们教他的。他用手语和布雷斯交谈。

8年中，这里的一切都有了很大的变化。野猿在变化，营地生活也在变化。最初我们来时，这里只有我们一对孤独的夫妇，住在用树皮搭成的棚子里。现在我们有了像样的工作室和住房，工作人员也增加了许多，他们之中有印尼和北美的大学生，也有当地受过训练的达雅克人和地方官员。最近，我丈夫回到了祖国，继续进行他的计算数学的研究。他在分析野猿方面，给了我很大的帮助。

当彼恩和别的孩子进行更多的接触后，他就完全丢掉了模仿野猿的习气。我抚养的幼猿成了少年，有的回到了密林中。当我看到一只刚成年的雌猿和雄猿手拉手离开营地时，我感到快慰，因为我知道我将再一次成为"猿外婆"了。

8年过去了，我积累了大量资料，包括热带雨林的资料。每月我都要观察营地周围500棵分属几百种不同植物。我还建立了一个植物标本室，把野猿可食的300多种不同的植物编辑成册，使野猿的社会结构更加丰富。我对野猿的观察已有12000小时以上，对它们的生活有了一些突破性的了解，我证实了野猿的配偶规律，制定了发展野猿的规划。

野猿驯化的历史已有几十年了，我的工作只能是一个良好的开端，还有许多疑问等待我去解决，例如：雄猿一生要漫游多远？繁殖的总数是多少？雌猿一生生育几次？它们能显示绝经期吗？等等。这些问题需要我们再花一个 8 年，以至几个 8 年的时间才能解决。

（韩若萍 译）

"森林歌王"长臂猿

巫露平

　　长臂猿是珍贵动物中的四大类人猿之一,属于我国一类保护动物。它仅分布于东南亚、马来半岛、苏门答腊等局部地区,我国只是海南岛和西双版纳有为数不多的群体。

　　东海南岛产的是黑长臂猿,体重约七八千克,雄的全身黑毛,雌的为黄色,但头冠有一束黑毛,又称为黑冠长臂猿。不过,这种为数不多的珍贵动物资源,在海南岛已经快要绝种了。

　　所有的树栖动物在树上是四肢爬行,到地面上也是四肢爬行,而且爬行的速度比之在树上毫不逊色。因此,它们不仅可以在原始森林中生活,也可以在比较低矮的小树丛中生活。万一原有的林区不能再生存下去了,它们还能凭着在地面上能迅速奔跑的本领,很快转到新的林区中去。然而长臂猿却迥然不同,它在树上靠两臂秋千跃行,到了地面,便靠双腿直立行走(因为它究竟是类人猿啊),由于它那比腿长得多的上肢无处搁置,只好向上举起作"投降"状,走起路来摇摇晃晃,像刚学走路的小孩,笨拙样令人发笑。长臂猿这种习性,决定了它必须生活在有巨树的原始森林或年龄在几十年以上的次生林中,离开了森林,它确实有点"寸步难行"。但是,随着人类开发森林事业的发展,原始森林的面积越缩越小,破坏了长臂猿的生活环境,给它们的生存带来了致命的打击。

当你到动物园参观时，往往被一种高亢而尖长的"喂——喂——喂"的鸣叫声所吸引，那便是"森林高音歌王"长臂猿在欢歌。笔者曾多次到海南岛的吊罗山、坝王岭考察长臂猿，每当朝阳把千万缕金丝银线投进茂密森林中时，这种"喂——喂——喂，哈哈哈"的美妙歌声，就像串串银铃，回荡在周围数里的山谷之中。黎族的老人告诉我，长臂猿的歌声给寂静的森林带来了生气和欢乐，把这看成是一种吉祥的兆头。在解放前，甚至把它当作神灵加以保护。谁要是在林主的林地猎猿，谁就会倾家荡产。

长臂猿擅长鸣叫，同它的生存所需密切相关。原来长臂猿是一种群居性很强的高等类人猿，通常是七八只为一群，包括一雄一雌和几只小猿。它们盘踞一定的森林作为本家族群体的栖息范围。在这块"领地"中，它们有自己的林中航空路线，对于"领地"内的食物，它们不像喜搞恶作剧的猕猴那样，生的熟的一齐摘光，而是只吃成熟了的果实。它们绝对不许异群侵入，"喂——喂——喂"的鸣叫，就是一种警告异群长臂猿的信息。它仿佛在说：这是我的森林，非本族成员不准进入。当它们发现有异群的猿、猴侵入，领主立即闻声赶到，进行干预；甚至在雄猿的率领下，同入侵者恶战一场。

然而，长臂猿只知道通过鸣叫保护自己的"领地"，却不知这高亢的歌声会给自己的家族招来杀身之祸。猎人循声来到它们栖息的森林，学着猿的声音叫上几声，长臂猿便闻声赶来，居高临下搜寻入侵者。这时，躲在密丛中的猎人，悄悄举起枪支，轻轻一扳，先将雌猿打下来，当雄猿赶来抢救时，也遭到同样的下场。据东方县广坝乡白苗村的两个农民自认，用这种办法捕杀的长臂猿在百头以上。就这样，天真可爱的群猿，被那贪得无厌的猎人，一个个山头、一个个家族地消灭了。

长臂猿是我国唯一的一种高等的灵长类动物。是动物学、心理学、人类学和社会科学等学科的重要试验动物。在医学试验中，通过小白鼠、兔子、猴子的实验后，还需通过猿的试验后才能应用到人体。因此，保护和发展这种珍贵动物资源，有着重要的意义。

1978 年，广东省昆虫研究所动物研究室对海南岛长臂猿历史上的分布和现状，作了一次比较深入的调查。长臂猿在海南岛原分布是比较广的，陵水、琼东、琼山等县县志都记载了当地产猿。另据老人回忆，解放前，儋县、屯昌、琼海一线以南的广大山区也有长臂猿。解放初期，岛的中南部所有原始山林地都有猿。以县计，海南黎族、苗族自治州所属 8 个县，以及琼海、万宁共 10 个县均有猿的分布。统计当时全岛约有长臂猿 2000 头左右。但是到了 20 世纪 60 年代，随着狩猎活动日趋频繁，森林砍伐日趋严重，在解放初尚有猿的 10 个县中，大多已先后绝迹。最近报道，海南岛的长臂猿，只剩下坝王岭自然保护区内的十几只了。

云南西双版纳猿的命运，也同海南相差无几。人们不禁要问，难道中国的长臂猿真的要毁灭在我们这一代人手里吗？

人猿之间

缪克成

自从达尔文提出了人类起源于古猿的革命性思想以来，生活于距今 2500 万年的新第三纪的森林古猿被认为是人和猿的共同祖先，但究竟是哪一种森林古猿，在新第三纪的哪一时期人猿分野，则不很明确。

在 20 世纪 60 年代，分子遗传学领域里出现了"生物分子钟"理论。这个理论认为：两种生物如果起源于同一祖先，在这两种生物体内应能找到源于共同祖先的同源分子。这一分子的结构基本上相同，因为它们起源于同一分子。但不同物种的这一分子又有差异，因为它们从同一祖先分化后，在进化历程中分子的结构会发生变异。假如这种分子结构的变异速率是恒定的，那么这个分子就成为一个生物进化的生物钟。只要比较两种生物的这种分子的结构差异的比率，就可以推算出这两种生物分化的时间。

在 20 世纪 70 年代初期，科学家们确认了脱氧核糖核酸（DNA）是可能作为"生物分子钟"的理想的材料，并解决了快速测定来自不同物种的脱氧核糖核酸的分子结构差异的比率的方法。但要证实脱氧核糖核酸分子在进化过程中结构变化速度是恒定的，而且要确定它的变化速率则是不容易的。

美国耶鲁大学鸟类学家西伯雷经过整整 10 年的努力，比较了

1000多种鸟类的脱氧核糖核酸分子，作了18000个对照测定，终于得出了结论：脱氧核糖核酸分子进化的速度在所有动物物种中是普遍恒定的，它的变化速率约为每450万年变化1%。

当西伯雷将"生物分子钟"这一理论运用于比较灵长目的动物与人的时候，却使他获得了令人惊讶的结论，导致了一个新的人猿分野理论。

西伯雷比较了人类、黑猩猩、大猩猩、长臂猿和几种旧大陆的猴类的脱氧核糖核酸的分子，研究了它们之间的亲缘关系，发现猴类与人类、猿类的脱氧核糖核酸分子的差异很大，说明猴类与人类、猿类的关系较远，符合于传统的动物分类学结论。但比较人类与几种猿类的脱氧核糖核酸的分子结构差异时却发现，人类与黑猩猩的脱氧核糖核酸之间的差异只有1.9%，由此推算出人类与黑猩猩大致在850万年前的时间由共同的祖先分化而成；人类与大猩猩的脱氧核糖核酸分子的差异为2.1%，两者分化的时间大致在950万年前；而大猩猩与黑猩猩之间的差异竟达2.4%，表明两者之间大致是在1000万年前分化开的。这个结论表明，黑猩猩与大猩猩之间的亲缘关系反不如与人类之间的关系近，这个结论实在令人惊奇！西伯雷的这一人猿分野新理论必将在人类学、动物分类学等领域中引起争鸣。

二、奇兽珍禽

高山深处的大熊猫

潘文石

　　大熊猫以其黑白相间的奇特毛色和笨拙可爱的外形举止深深地赢得了各国人民的喜爱,而它所面临的行将灭绝的困境更加引起了人们的关心。熊猫不单单是中国的,同时也是全人类的共同财富。

　　虽然科学家们对大熊猫的起源和分类上的细节——它们究竟属于熊科还是自成一科有不少争论,但是 20 世纪以来,在中国的广大地区、缅甸东部和越南北部数百处大熊猫化石地点的发现,使这种动物的演化历程清晰地展现在我们面前。

　　在人类还没有由古猿进化为真正的人的 300 万年以前,大熊猫就已经在中国的南方出现了。那时,它们数量稀少,分布区也很狭小,是中国南方热带、亚热带丛林中巨猿动物群的成员。从它的牙齿化石形状推断,当时它们的食性与现代大熊猫没什么区别,只是体形小,只有现代熊猫的约二分之一大小。

　　距今约 75 万年以前开始,大熊猫的分布区从珠江流域、长江流域向北越过横亘于中国中部的秦岭山脉,扩大至黄河流域,直达北京的周口店。这是它们在数量上空前繁盛的时期,成为当时亚洲南部大熊猫——剑齿象动物群中的优势种,并且体形也向大发展,比现代熊猫约大八分之一。处于鼎盛时期的大熊猫不仅广泛生活在南方亚热带森

人 类 的 芳 邻

林之中，而且也开始适应北方暖温带森林的气候。

　　起始于 1.8 万年前的末次冰期给大熊猫带来了灾难性的打击，使秦岭以北的分布区不复存在，秦岭以南的分布区逐渐缩小。而最近几千年来，日益壮大的人类则给熊猫造成了更大的威胁。人类大量地侵占熊猫原来的低山地区的栖息地，迫使它们一步步退缩到青藏高原东缘的高山深谷之中。

　　今天的大熊猫仅幸存于中国西部六大块相互隔离的山区。最东北部的一个分布区是秦岭南坡，在大约 1650 平方千米的面积内生活着近 240 只熊猫；最大的一个分布区位于四川与甘肃省交界处的岷山，这里拥有 350 多只熊猫，分布在约 13300 平方千米的面积上；著名的卧龙自然保护区所在的邛崃山脉的熊猫分布区有 10425 平方千米，熊猫数量为 250 多只；现存熊猫分布的最南端是大、小相岭和大凉山三条山脉，约有 100 只，熊猫散布在 3300 平方千米的竹林之中。也就是说在 28725 平方千米的土地上，仅仅分布有不到 1000 只大熊猫。

　　为什么现存的大熊猫仍能在上述几个山区保留下来呢？北京大学的科学家们在调查研究了秦岭大熊猫的自然历史之后提出：熊猫在与人类共同生存的漫长历史中，不断提高着对人所改变的环境的耐受力。但这种耐受能力是极为有限的。当人力使环境变化过于剧烈时，熊猫适应的速度就远远低于环境恶化的速度，最近几千年里大多数熊猫就是因此而绝迹的。而当人类对环境的影响程度较轻时，熊猫就存活下来了，秦岭南坡就是这样一个地区。尽管 2000 多年来不断有人类深入到高海拔地区开荒、耕种，但总是由于气候恶劣而不能久居。在这里，气候条件犹如一道障壁，把人类的农业生产活动限制在海拔 1400 米以下的山地暖温带和亚热带区域，而 1400 米以上的山地温带和寒温带地区森林茂盛，便成为当代秦岭大熊猫最后的庇护所。

　　但是，在一个拥有 10 多亿人口的国家里，对木材和其他森林资源的需求日益增长，不合理的森林采伐使熊猫最后的栖息地仍在进一步缩减；被分割开来的小种群由于近亲交配而降低了个体的繁殖成功率；局部地区竹子周期性大面积开花也给大熊猫造成饥饿的威胁。中国的大熊猫今天所面临的问题越来越严重了。

今天，大熊猫的继续生存不仅要依靠自然的庇护，更重要的是要依赖于人类有力的保护。熊猫独产于中国，因此中国政府已经把大熊猫列为一级保护动物，通过实施法律、宣传教育等措施使保护大熊猫的观念深入人心。并且在熊猫分布区 20%的面积上设立了自然保护区。中国林业部和世界野生生物基金会从 1980 年开始，在卧龙山自然保护区建立熊猫研究中心，对大熊猫生物学的各个方面展开研究，并提出了保护野生大熊猫的措施。北京大学的研究者们于 1984 年开始对秦岭大熊猫的自然庇护所进行全面的考察，希望通过人类的努力建立一个合理的人工森林群落，既能使人类获得更多的森林产品，又能给熊猫创造一个适宜的栖息地。这将缓解人类与熊猫之间越来越尖锐的矛盾，争取二者在一个和谐的环境中长期共存下去。

麋鹿还乡记

黎先耀

中央电视台国际部举办的"人与自然"专题，曾邀请我去做客。节目主持人赵忠祥同志问我，中国在保护濒危动物方面，做过哪些工作？我答道，中国没有采取过如非洲那样将濒危的犀牛送到国外易地保护的做法，但是倒有从海外将原产中国而今国内已在野外绝灭的珍稀动物，重新引回它们故地生活的创举，那就是麋鹿。

中国是产鹿科动物最多的国家，占全世界的一半左右，其中有些还是中国特产的稀有种类，麋鹿即为其中之一。它就是《封神演义》里讲到武王伐纣时，周军主帅姜子牙乘坐的"四不像"。《孟子》里也曾有"惠王立于沼上，顾鸿雁、麋鹿"的记载。但是1900年"八国联军"侵华战乱，再加上永定河泛滥之后，中国土地上圈养的最后一只麋鹿，也从北京南郊皇家猎苑里消失了。

20世纪80年代初，我主持创办并主编的《大自然》杂志第12期上，刊登了一篇我驻英使馆推荐来的牛津大学玛娅博士写的有关麋鹿群的文章。文章介绍了20世纪初，英国的一位鹿类动物宠爱者贝福特公爵，曾把流落在欧洲各处的十八头麋鹿收集起来，放养到他家水清草碧的乌邦寺别墅里，以后逐渐繁衍成为五六百头的大麋鹿群。这群麋鹿就是最初在华传教的法国大卫神甫于1865年在北京皇家猎苑墙外窥探发现的那群麋鹿的后代；而现在分散在世界各地动物园里的麋鹿，却又都是伦敦郊外乌邦寺那群麋鹿的子孙。

这位多年来在英国乌邦寺从事麋鹿研究的女作者，不久前来华访问。我拿出一支北京自然博物馆收藏的麋鹿角，竖在茶几上请客人鉴赏。麋角是很奇特的，没有眉叉，呈多回二叉分支；因此，倒着放置也能够站住。玛娅真不愧为麋鹿专家，一眼就认出这是一只老公麋的左角。她摩挲着胳膊般粗壮的角柄，看到上面镌刻着一片端庄的汉字楷书，引起了她极大的好奇和兴趣。我向她解释，这篇刻着《麋角解说》的撰写者，是著名的清朝皇帝乾隆，文中记载着他于1767年冬至考察南郊皇家猎苑里麋鹿掉角的轶事。

"一点不错。鹿科动物一般都是夏天换角，唯独麋鹿才冬季掉角。"玛娅博士说，这与她在乌邦寺长期观察麋鹿生态所作的记录是相符的。我提出陪客人到麋鹿原产地——南苑海子里去看看。玛娅高兴地说，正好乌邦寺的主人多年来一直盼望能在中国找个合适的地方，从英国送一批麋鹿回到它们的故乡来。

我们发现往昔的"三海子"，由于现代的城乡建设，虽然只剩下了"中海子"大约90多公顷的沼泽和林甸；但是摇曳的芦苇，飘拂的杨柳，仍依稀保持着当年麋鹿群在这里角逐戏水时的自然景观。南郊农场的苏本英高级经济师等负责人和鹿圈等村落的乡民，听说久离故土、流落异邦的麋鹿如今要重返老家来定居，哪有不欢迎的呢？他们表示愿提供遗留的那片海子，建立新的"麋鹿苑"，来接待海外归来的这群"游子"。

1985年夏天，当今乌邦寺的主人塔维斯托克侯爵慷慨地以1：3的雄雌比例，分先后两批共赠送了40多头幼年麋鹿给中国，放养到原清代皇家猎苑的遗址里。这位贝福特公爵的继承人，在北京举行的赠送仪式上，充满友好情谊地说："对我和我们家族来说，能与中国合作将麋鹿重返故园，的确是一件极为振奋的事情。"后来，当时英国首相撒切尔夫人在伦敦欢迎中国领导人的宴会上，也曾说，麋鹿回归和香港问题的解决，都是当今中英关系史上的大事。麋鹿的命运确是同国家的命运联系在一起的：往日祖国衰弱，它们流落异邦；如今祖国强盛起来，它们又能重返家园了。

麋鹿的重新引进，改善了北京南郊的生态环境。现在，南海子新建的"麋鹿苑"里的麋鹿群已繁殖到一百几十头；并且又分出一小群放养到长江中游石首天鹅洲的泽野里，重建麋鹿的野生种群。那里，就是春秋时楚王圈养麋鹿的"灵沼"所在的云梦故地。此后，伦敦动物园也送了一群麋鹿，放养到苏北盐城市大丰县的滨海滩涂上。那里也是晋代张华所著《博物志》中曾记载过麋鹿成群生存的故地。

可爱的美猴

张善云

　　与四川九寨沟紧紧相邻的太平沟,是猴中"美人"——金丝猴的聚居之地。金丝猴是我国独有的珍奇动物,属国家一类保护动物。它们苗条的身躯上黄毛缕缕,柔软美丽,跳跃飞腾之时,金丝飘逸,如翩翩飞天,身姿健美,洒脱利落,因而被人们称为猴中"美人"。美猴王国的趣事,十分动人。

　　金丝猴长期以来"养在深闺人未识"。1887年,法国学者戴维在四川猎得标本,偷运到法国,并发表了论文,于是引起世界动物学界的轰动。猴中"美人"也一举成名,身价百倍。1938年,英国伦敦动物园派人来川,不惜重金捕得金丝猴,但猴儿离群郁郁寡欢,终于半路夭折,洋人只得"望猴兴叹"。

　　金丝猴性喜群居,每群几十只到几百只,各群自成"王国","国"与"国"之间,"鸡犬之声相闻,老死不相往来"。"王国"内由强壮有力、经验丰富的雄猴担任猴王,负责指挥采食、迁徙等活动,各群有一"望山猴"专司瞭望、放哨。每当猴王扶老携幼,领着众猴在林中采食时,"望山猴"总是坚守在"制高点"上,眨巴着"金睛火眼",转动"顺风耳",眼观六路,耳听八方。一旦发现敌情,立即发出信号,于是众猴喧闹声戛然而止,有的就地隐蔽,有的紧贴树身,有的闪入叶丛。一旦"敌人"逼近，"望山猴"一声惊呼，发出"特级警报"，猴王即率众飞身而去，瞬间便无踪无影。

有人考证说，古人谓金丝猴曰："孝兽"。书载金丝猴"巢于树，老者居上，子孙依次居下。老者简出，子孙搜崖得果，即传递而上荐老者食，食已然，传递而下，上者未食，下者不敢尝"。"王国"内特别关心弱小和病残。一遇侵袭，母猴或背或挟，总是护着幼猴逃生，其他壮猴尽力保护老弱病残。走投无路时，母猴或啼哭求饶，或给幼猴喂奶，做出一副可怜相。万不得已，宁愿自己俯首就擒，也要设法让幼仔逃走。

金丝猴善纵跳，起跳时总是摇动树枝，借助树梢弹力一跃而起，越树梢、腾溪涧、飞峡谷。其行动之敏捷，技艺之高超，姿态之优美，动作之惊险，使人叹为观止。有人说猴不下地，那是不确切的。它们在地上行走如飞，时速可达四五十千米。在与猴群追逐中，如果你气喘吁吁，远不可及时，它们会扮出鬼脸，讥笑你无能。一旦保护老弱的猴子出了差错，或有失职行为时，猴王的"耳光"会毫不客气地扇过来，受罚者不敢有半点反抗。

金丝猴2岁以后，鼻孔逐渐朝上，俨然两个小水库，与那灰蓝色的脸面、鼓突的吻部、金黄色的毛被浑然一体，显得聪明伶俐。一旦下雨，它那长长的尾巴便卷曲过来盖住鼻孔。远远望去，如同一位金发女郎用额前的一绺刘海半掩含羞的面容，又恰似那娇娇滴滴的仪态妩媚、"犹抱琵琶半遮面"的美人儿。

当地的山民一般都观猴而知天气。南坪、平武一带，人们传说金丝猴能"呼风唤雨"，称为"神猴"。究其原因，金丝猴对天气变化相当敏感，一旦气候将变，它们总是坐立不安，特别烦躁，时而飞快蹿跳，时而"咯咯"乱叫，不多久，便乌云遮天，大雨骤至。

象喜亦喜

梁秀荣

北京动物园里传出喜讯：名叫"玛玛基"的亚洲象平安地生了一头小象。

小象坠地的时候，裹在半透明的胎膜里，好像一个肉球。"胎儿"在里面怎么蹬，也蹬不破胎膜。母象扇动着大耳朵回过身来，举起前蹄对准肉球踢了一脚，肉球才破了，小象挣扎着钻出脑袋，母象用长鼻子帮它掀掉胎膜。才出世的小象颤抖着站立了起来，它有 1 米高，90 千克重。

它是"玛玛基"的第二个"孩子"，所以取名"继生"。

哺乳动物繁殖后代，数象怀胎的时间最长，达 22 个月。小象一下地，母象就用柔软的长鼻亲抚着它，寸步不离，甚至夜间休息也不卧倒，站在一旁守护。

北京动物园不但有亚洲象，还有非洲象。这两种象同是长鼻类，却不同属。亚洲象只有雄象有大象牙，非洲象无论雌雄都有大象牙。非洲象比亚洲象个子高，脑袋小，耳朵大。这两种象，前肢都是五趾；但是后肢就不一样了，亚洲象是四趾，非洲象只有三趾。

不论是亚洲象，还是非洲象，老家都是在热带。在清代，北京皇宫里驯养的象，每年三伏天，要牵到宣武门外护城河里去洗澡。象出了宫门，仪仗队前呼后拥，鼓乐吹吹打打，看的人在大路两旁挤成了人墙。象还能用长鼻子表演杂技，模仿号角呜呜作声，很是有趣。人们有时还碰见大象"发疯"，相当可怕，其实是象正常的发情表现。现在这条街还叫象来街哩！

可是在50万年以前的"北京人"时代，象在北京地区并不是稀罕的动物。北京地区的周口店一带，气候温暖湿润，就有成群的土生土长的象。这有从地下发掘出来的化石作证。前几年，北京饭店施工，就从地层里挖出过象的化石。

每一块象的化石，就像是象自己埋下的墓碑，上面写着它的历史。根据世界各地发现的化石，可以写成一部象的兴亡盛衰的历史。最早的象是始祖象，大约5000万年以前，生活在非洲北部，只有猪那么大，没有长鼻子和大象牙，只是上唇比较发达，门齿稍大一些，生活习性有点像现代的河马。

到了3000年前，始祖象逐渐发展成乳齿象，躯体变得比较高大了。初步形成了比较长的鼻子和门齿。那时候，整个地球上的气候都比较温和湿润，植物茂盛，对象的生存发展十分有利，除了大洋洲和南美洲以外，世界上到处发现有乳齿象的足迹。

乳齿象进一步发展到真象，是近1000万年以来的事。我国闻名的黄河剑齿象，人类出现后才绝灭的猛犸象，以及现在仍残存于地球上的亚洲象和非洲象，都属于真象类。自然界真是奇妙，食草动物一般牙齿磨完，寿命也就终结。真象的臼齿采取了一个接替一个顺次生长使用的方式。这样全部牙齿使用率用的时间延长了，因而象也就成了长寿的动物。

在地质史上，象的发展总趋势是这样的：一是躯体逐渐增大。1973年，在甘肃合水县发现了黄河剑齿象的骨骼化石。这种象身高约4米，体长达8米，门齿长度超过了3米，可称是陆上的庞然大物。

二是头部重量增加，脖子相应缩短，同时上唇和鼻子发展成长鼻，越来越长，也越来越灵活，能卷起树枝驱赶身上的苍蝇哩。三是臼齿增大，以适应咀嚼坚硬的植物，第二对上门齿也增长。还有过一些奇形怪状的适应不同的生活环境的象，它们的下颚和门齿，有的像耙，有的像铲。假如不是在地层中发现恐象和铲齿象的化石，有谁会相信它们曾经生活在地球上呢？

我国河南安阳殷墟发现的甲骨文，曾有捕象的记录。前些年，郑州地下也发现了大象牙。我国著名气象学家竺可桢曾说，河南简称的"豫"字，在古字里就是一个人牵着一只象的图形。

象被认为是繁殖最慢的动物。可是达尔文算过一笔账，假如象能活 100 年，一生即使只能产 6 仔，一对象经过 750 年，子孙如果不遇到意外死亡，也可以达到 1900 万头。那么，地球上一度种类繁多、数量很大的象类，为什么日渐衰落，只剩下数量很少的非洲象和亚洲象呢？

郭沫若同志对象作过有趣而深刻的写照。他说象是一个极端主义者，一切极端的东西都集中在它身上："太长、太大、太厚、太粗、太小、太细、太猛、太驯、太笨、太灵、太不调和而又太调和。"看来，由于本身过于特殊，当气候和自然环境变得不利于它们生活的时候，它们就不能适应，逐渐衰亡。

法国著名动物学家布封，也给象画过肖像。他描绘野生的象，生性温和，群体生活。但一旦受人攻击，则必报复。象的鼻子很灵，记忆也好，据说能把猎人走过的地方的草拔起来，一只传给一只，嗅出猎人的行径，跟踪追迹。象的行动方式和牛马不一样，牛马是对角的前后肢同时运行；象则和骆驼一样，是同侧的前后肢一起前进。由于这种蹓蹄的方式，骑在象背上，左右摇晃，颠簸得很。这就是御象的人，总喜欢骑在象脖子上的原因。人类很早就和象建立了感情，这跟象本身有相当的"智力"有关。人类很早就把象作为生产和作战的助手。我国古代就有舜用象耕田的传说。古"爲"字就是由一只手牵象的图形所组成。在国外，古代也有迦太基人用象同罗马人打仗的记载。

我国商代的青铜器上，就有各种象的的图案。欧洲在石器时代人类住过的洞穴里，发现过画着猛犸象的壁画。猛犸象又叫毛象，周身披着长毛，比较适应寒冷。石器时代的人用猛犸象的骨骼和毛皮搭屋避寒，它们的肉是人类重要的食物，象牙是制作用具和艺术品的重要材料。在西伯利亚一带，人们至今还偶然会挖到埋藏在冻土层里的相当新鲜的猛犸象肉呢。我国古书上所记，北方冻层之下有"大鼠"，肉有500千克，吃了会发热，可能就是指的毛象。

近年来，世界上的象逐渐减少，达到快要绝种的地步。有象的国家，都规定要保护象。但是在国外，因为象牙值钱，仍旧有人偷偷猎杀，真是"象齿焚身"。特别是非洲象，因为其象牙比亚洲象的质地好，则更遭殃。据不久前世界野生动物基金会公布的材料，非洲大陆由于偷猎活动猖獗，大象已从150万头，急剧下降到62.5万头。仅肯尼亚一个国家，大象已从6.5万头锐减到1.7万头。最近5年中，肯尼亚警察和保安部队从偷猎者手中共缴获了象牙3000多根，重达12吨。最近，肯尼亚总统为了表示保护大象的决心，亲自在国家自然保护区里，用火炬点燃焚毁了这堆价值300万美元的象牙小山。

我国云南南部产亚洲象。我国政府已经把象列为国家一类保护动物，在那里建立了自然保护区，规定禁猎；同时，在动物园里人工饲养繁殖。上海动物园的"版纳"，就是在云南南部捕获的象，饲养6年后，也生了头一胎"依纳"。我国有好几个动物园繁殖象都获得了成功。在动物园里繁殖野象则更加困难，是园林工人和科学家合作取得的成绩。真是"象喜亦喜"，值得我们庆贺。

在"十年动乱"的时候，象也遭了殃。有人置国家法令于不顾，在西双版纳自然保护区，为了捕捉一只幼象，竟开枪打死了好几只大象，还赶跑了一大群野象。据说，亚洲象遭到伤害，不仅会流泪，而且是决不宽容的。人类的"老朋友"遭此浩劫，不免"象忧亦忧"，我们也感到非常愤慨。

《红楼梦》曾用古书上"象忧亦忧，象喜亦喜"这句成语来作谜语游戏。我借用"象喜亦喜"这半句成语来作这篇文章的题目，则是为了向人们宣传应该爱护我国的这种珍贵动物。象的忧患，就是我们人类的忧患；象的喜讯，也就是我们人类的喜讯啊！

针 鼹

［德］贝·克席梅克

  法兰克福动物园主任哈克教授发现针鼹是一种产卵的动物，属哺乳动物纲。与他同时代的澳大利亚学者维·科杜埃尔在昆士兰发现鸭嘴兽也具有这一特性。

  这两项发现终于解决了从 1798 年起在英国，法国和德国的动物学家之间争论不休的问题。人们争论不休的是，这些单孔类动物应放到动物分类系统的什么位置去呢！这一特殊的哺乳动物亚纲总共才只有两个科，即针鼹科和鸭嘴兽科；这两个科的代表只分布在澳大利亚东部、新几内亚和塔斯马尼亚。而且奇怪的是，甚至从来没有发现鸭嘴兽和针鼹祖先的化石。

  这些动物的名称是由英国人开始使用的，在其他各国平时也都使用这些名称，可是从学术观点来看，这些名称是不确切的，它更为确切的名称应是鸭嘴鼹。德国人常常把鸭嘴兽和针鼹称做单孔类动物，这样会引起误会，以为这类动物是不爱干净的。单孔类这一名称的意思是，这些兽类的肠和尿生殖道的外开口不是各自分开的（不像其他哺乳动物那样），而是像爬行类和鸟类那样，只有一个泄殖腔。这种令人反胃的名称无论如何也不应把人吓跑，其实这些动物很爱洁净：如果它们栖息在人类的住地附近，它们绝不会生活在污染的河流里，一定栖息在洁净的饮水塘里。

哈克从袋鼠岛弄到几只针鼹。因为他知道，有关这类动物的分类地位和繁殖方式的问题已争论很久，于是便决定对这些针鼹进行仔细的观察。哈克请研究所的一位工作人员握住悬挂起来的雌针鼹的腿，开始细心地检查它的腹部。为了更好地叙述后来所发生的一切，最好还是援引哈克教授那段激动人心的叙述吧：

"当我从针鼹腹部的育儿袋里找到一枚卵时，只有动物学家才能了解我当时的那种无比激动的心情！这是一枚完全照规矩产的卵，是谁产的呢？原来是这些哺乳动物产的卵！这一意外的发现使我感到多么惊奇，可真把我弄糊涂了，使得我做出了一个令人难以想像的最蠢的动作：两个手指一用力，软蛋一下子就捏碎了。从里面流出无色的液体，看来在雌针鼹被捕之后这段时间里，卵里面的东西已开始分解。椭圆形的卵长 15 毫米，直径 13 毫米；卵壳摸起来像粗羊皮纸似的，很像许多爬行动物的卵壳。"

经过这些调查研究以后，学者们专门为这两类产卵的哺乳类动物划分出单独的亚纲。它们与爬行动物的相同之处，主要表现在眼、脑和骨骼的某些部位（特别是肩带骨）构造上，它们也是只有一个泄殖腔。但不能把单孔类哺乳类动物看作是有袋类和其他哺乳类动物的祖先。它们是哺乳动物纲进化发展的一个独立分支，这一分支是沿着自己特殊的途径向前发展进化的。

这些产卵的哺乳动物，雄体的踝部都长有距，而雄鸭嘴兽的距还分泌一种有刺激性的物质。有趣的是，为什么鸭嘴兽比针鼹更使人感到兴趣呢？这可能是因为在动物园里几乎看不到鸭嘴兽，或者因为它是世上唯一长有喙的哺乳动物；可是类似针鼹背上有刺的动物并不稀罕。是否如此，很难说得清楚。或许是针鼹有一个很奇怪的特性（而它那会游水的近亲——鸭嘴兽却没有）：针鼹会把刚刚产下的卵送到腹部育儿袋里，如同袋鼠以及其他有袋类动物将幼仔装在育儿袋里那样，把它装在育儿袋里孵化 7～10 天。针鼹的幼仔刚从卵里孵出时，长不过 12 毫米。它们舔吃母兽毛上从乳腺流出的很深的浅黄色的乳汁。小针鼹在育儿袋里一直生活到背上长出针刺为止，一般是 6～8 周，体长 9～10 厘米。到了这时，母针鼹便把幼仔从育儿袋里掏出，藏到很简单的窝里。长到 1 岁时，小针鼹已达到性成熟，体重 2.5～6 千克，背上的针刺长达 6 厘米。

针鼹的育儿袋是临时性的，到临产期才开始形成。布拉格动物园的工作人员观察到，有些雄针鼹也常出现类似的育儿袋，间隔 28 天。

针鼹几乎是唯一能活半个多世纪的哺乳动物，还有马可算是一个例外。一只产自新几内亚的针鼹，在伦敦动物园生活了 30 年零 8 个月；柏林动物园有一只针鼹活到 36 岁；美国费城动物园一只澳大利亚针鼹由 1903 年活到 1953 年，共 49 年零 5 个月，还不清楚在送到动物园时它的年龄已多大了呢！

据记载，饲养的针鼹进行繁殖只有过两次，结果也还没有成活。一次是 1908 年在柏林动物园，小针鼹活了 3 个月，另一次是在瑞士巴塞尔动物园。

在自然条件下，针鼹虽然并不爬树，可是在进行人工饲养时，它们倒蛮有能耐，可沿着铁丝网爬到笼子顶上去。不过在下来时就无能为力了，往往是一下掉落到地板上，有时竟然会摔成残废。针鼹是沉默不语的动物，除了呼哧声，再不会发任何声音。不过它们可是些极为出色的"工兵"。它们能快速掘土，甚至土地很硬也不在乎。用不了 10 分钟，针鼹就钻入土里藏起身子。但是在自然条件下，和鸭嘴兽不同，针鼹自己并不做窝，而是利用其他动物的住处。即使针鼹想挖土时，那也只是把身体的下部藏起来，上部露在外面也就算了，因为它总是指望有针刺保护自己。想把钻进土里的针鼹拉出来，那是完全不可能的。它用那有力的大爪牢牢抓住土地；两侧的针刺也向下炸了起来，如果你想把手伸到它的腹部下面去，你的手一定会扎出血。另外，针鼹还会蜷成个圆球形，像我们这里的刺猬一样。针鼹很难使针刺间的毛保持清洁，这一点也与刺猬一样，毛里一般都有寄生虫，因此它们总是不断搔痒。大自然给针鼹后脚的第二趾安上了很长的弯爪，那是用来梳毛搔痒的。

针鼹的视力不好，然而却能敏锐地察觉土壤中轻微的震动。它们主要吃蚂蚁和昆虫，从它们的嘴巴构造上就可以猜得出来：长管状，没有牙齿，舌头长而灵活。可是遇到机会，也不会反对改动一下自己的食谱，不过只能吃那些能通过它那"象鼻子"长细般的嘴巴的食物。饲养的针鼹很喜欢喝牛奶，吃泡软的小面包、生的或半熟的鸡蛋和碎肉。针鼹不同于自己的近亲——鸭嘴兽，它们能长时间不吃不喝，有时甚至长达一个月之久。看来，它们时而处于类似于休眠状态，这很可能是对环境的一种适应。它们栖息在维多利亚州和塔斯马尼亚岛上，那里的冬季气温比较寒冷。

奇怪的是，这些小动物具有非凡的力气。有些被捉的针鼹能从很牢固的一面钉有铁丝网的大箱里挣脱出来；还有的把上面压有重铁块的盖子顶开逃跑了。野生的针鼹，寻找食物时，能翻动比自身大一倍的石块。

一般来讲，针鼹与鸭嘴兽不同，几乎总是走来走去，不只是在夜里，在白天，特别是在好天气时也总是走个不停。

这些奇异的动物原来还会用两条后腿跑动呢！动物学家米克尔·沙兰有一次在塔斯马尼亚树林里散步，看到小路旁有一只小针鼹，它在那里很用心地嗅来嗅去。他说，它一察觉越来越近的脚步声，就突然用后腿站了起来，迟疑不决地站了几秒钟，然后便慌忙地向树丛里跑去，还是用两条后腿跑走的。

澳洲大陆已描述的针鼹有 3 个亚种，不过它们彼此并没有本质的区别。有些学者认为，栖息在塔斯马尼亚的针鼹比大陆上的要大一些，可是有人则提出不同看法。在新几内亚，除了澳洲大陆的五趾针鼹的一个亚种，还有另一种长吻针鼹的 3 个亚种。这些针鼹的毛比较密而长，还有的毛和针刺乍看起来难以区分。

  从前，澳大利亚有些居民喜欢吃针鼹；在我们欧洲不也有爱吃刺猬的人吗！可是有些民族的青年人（如阿兰德人）可不敢品尝这种特殊风味，因为有一种迷信说法，说是吃了针鼹肉会出现白发。

  如今，无论是鸭嘴兽还是针鼹，都不能认为是濒临绝灭的动物，已没有绝种之忧了。在澳大利亚，这些动物几乎没有天敌；对它们有觊觎之心的也只是蟒蛇、狐或袋獾。鸭嘴兽在塔斯马尼亚最多，甚至在首府霍巴特近郊也可遇到。

  针鼹分布比较广，它是澳大利亚数量最多的野生动物之一。我常常在公路上看到有被汽车压死的针鼹。

  我不相信，单凭特有动物群的保护法，这些动物就能平安无事。好就好在针鼹和鸭嘴兽跟其他动物相比，有自身的"优点"：它们的皮没有什么用途，不能出售；它们的肉很少，并且不怎么好吃；自然还有它们夜里出来活动这一隐秘的生活方式也起了保护作用。但起决定作用的因素还在于，农场主们也不会怀疑这些奇兽，不会认为它们能把羔羊咬死或者抢吃羊的饲草。

骆马·羊驼

张虎生

在红白两色相间的秘鲁国旗中央，镶嵌着一个端庄绚丽的图案。图案的一角，伫立着一头淡褐色的南美骆马。在蓝天的映衬下，它显得格外优雅矫健。骆马被视为"秘鲁民族的象征之一"，不是没有缘由的。

多山之国秘鲁，是骆马的故乡之一。骆马是骆驼科美洲驼属的两趾反刍动物。它性喜高寒，似鹿而小，常年生活在四五千米的高原地带，以青草、树叶为食。巍峨绵亘的安第斯山区是骆马理想的栖息地。据史籍介绍，骆马同印第安人民早已发生了密切的联系，古代印第安人把骆马毛看作是最好的纳贡品；骆马还被视为"神兽"，任何人都不得捕猎和宰杀。到16世纪上半叶，秘鲁共有150万头骆马。当时的一位西班牙历史学家记载说：在高原地带，特别是在瓦伊拉斯和卡哈马卡，随时都可以看到三四十头成群游走的骆马。在安第斯山区，骆马是主要的驮载工具，它可以几天不吃不喝、负重上百斤在高原山地长途跋涉，被誉为"高原之舟"。

秘鲁也是当前世界上拥有骆马最多的国家。由于以往对这种动物没有积极加以保护，加之偷猎者的滥肆捕杀，骆马的数量逐渐减少。现在南美大陆上仅剩下5万头骆马，分布在秘鲁、厄瓜多尔和玻利维亚三国境内，其中80％在秘鲁。因此，骆马实际上已成为秘鲁特有的珍兽。然而，长期以来骆马的处境越来越坏，在山区大量饲养牛、羊、羊驼等家畜以后，寻觅不到充足牧草而又温顺机警的骆马，便相继逃遁到秘鲁南方的草原地带，又恢复了它们自由自在的野生生活。但由于不适应新环境，骆马群中疫病蔓延、死亡严重，因此，骆马又面临着绝种的危险。"保护骆马"现已成为秘鲁报刊经常谈论的一个问题。有关学者还连续举办了"保护骆马"的专题讨论会。1979年秘鲁政府除重申1966年有关保护骆马的法令外，还拟定了让流落在南方的骆马重返故园的计划。前不久，在山区广大农民的协同行动下，首批还乡的1400多头骆马已由南方地区返回地处安第斯山区的万卡维利卡省和胡宁省。

与骆马属于同一个家庭的还有羊驼。在我国北京动物园的驼栏里，就养着这样一头来自拉丁美洲的羊驼。秘鲁的安第斯山区是羊驼的故乡，它头圆耳尖，颈、腿修长，身高1米左右，平均体重约35千克。羊驼以蔓生在高原上的"伊丘"草为食，生命力很强。每年12月至次年2月，是羊驼的繁殖期。有趣的是，小羊驼出生的时间都在上午6点到中午12点以前，刚落地的小羊驼就能欢乐地跳蹦。羊驼成长极快，其体重的增长速度是牛的10倍，羊的12倍。羊驼肉肉瘦味鲜，是珍肴中的上品原料。这种动物以性情温顺而誉满天下。它喜欢和儿童们在一起玩耍，接受孩子们的抚摸。在印第安人聚居的山区，它常常伴随着小主人去上学。据最近报载，它还进入总统府做客呢。近几年来，西方国家掀起了一场"羊驼热"，一些富商大贾竞相出重金购买羊驼，一头羊驼的售价高达4000美元。

羊驼身上最宝贵的还是它的皮毛。它身披一种柔滑细软的长毛（长4～8厘米），一头羊驼每年可剪毛4千克。这种毛色泽鲜丽、纤维坚韧，是兽毛中的佼佼者，倍备推崇。秘鲁历来是最大的羊驼毛产出国，每年都可以从羊驼毛出口中赚取大笔外汇收入。

原骆和小羊驼也是骆马家族的成员，它们与骆马、羊驼一起总称为美洲驼。原骆和小羊驼目前主要生活在秘鲁安第斯山区，总头数达1161万头。而智利和玻利维亚两国拥有的原骆和小羊驼数量加起来还不到秘鲁的十分之一。与骆马和羊驼不同，原骆和小羊驼至今还是野生动物。在秘鲁，它们集中生活在中部山区的普诺省、库斯科省和万卡维利卡省。

原骆高1.1米左右，毛呈栗红色，常常小群外出活动，生性机警敏捷。由于它胃中有水囊，可以一连几天不吃不喝。如果发现有人或动物要伤害它时，它就从口中喷出唾液、草屑来迷惑来敌，乘对手懵懂不备之际便逃之夭夭。

小羊驼头短颈长，耳朵娇小，长有一对尖直的角。它浑身是宝，肉可食用，皮可制器皿，骨骼可制工具，脂肪可熬成油脂，干粪可做燃料。小羊驼的毛呈白色，夹杂有灰黑色或褐色的斑点，价格昂贵。一头小羊驼每年可剪毛2～5千克。这种毛又叫"拉拉毛"，纤维长、质地柔软，畅销国际市场。据统计，秘鲁近五分之一的印第安农民的生活与小羊驼有关，全国每年出口"拉拉毛"可赚取1.5亿美元的外汇收入。

为了更好地保护和利用上述珍贵动物，并使之朝着人类需要的方向发展，秘鲁政府近年来建立了一批专门研究美洲驼的机构和饲养中心，系统地对这些动物进行考察、研究和试验，并且取得了丰硕的成果。一种由骆马和羊驼杂交而成的新品种，既具备骆马能耐劳苦的优点，又兼有羊驼出毛量多的优点。另一种起名"瓦利松"的优良品种，是由骆马和小羊驼杂交而成的，它的特点是产毛量显著提高。近年来，厄瓜多尔和玻利维亚也在研究利用境内高寒山区开辟骆马养殖和保护区的问题，同时已经重新引进小羊驼。

雉鸡天堂

郑作新

家鸡，是我们祖先从野生原鸡长期驯化而成的。长江流域新石器时代屈家岭遗址出土的陶鸡，就是按家鸡形态塑造的，至今我国西南等地丛林田野间，仍有当地叫"茶花鸡"的原鸡分布。现已遍及全世界的首位猎禽——环颈雉，俗称野鸡或山鸡，它的故乡也是中国。雉鸡是经济价值较高的一类禽鸟。中国素以盛产雉鸡著称于世。全世界278种雉鸡类中，见于我国的有56种，约占五分之一；其中26种已列入我国国家保护动物名单，有一半属于国家一级保护动物。在我主编的《中国动物志·鸡形目卷》中可以看到，世界公认的30种珍稀雉鸡禽类中，中国产的有16种，竟超过半数。我还曾在四川峨眉山上发现了白鹇的一个新亚种，我将它命名为"峨眉白鹇"。中国可真是名副其实的"雉鸡的天堂"。

在我国特产的珍稀雉鸡禽类中，先说只产于我国境内的3种马鸡：褐马鸡、白马鸡和蓝马鸡。由于它们的白色耳簇羽很长，形如两只耳朵，故国外有人称它们为"耳雉"。至于叫"马鸡"的原因，可能由于它们中央尾羽既长，又披散下垂如马尾之故。从汉武帝时起，我国古人就看中了褐马鸡那长长的白色尾羽。皇帝将它赏赐给武将，装饰在帽盔上，称为"鹖冠"，以激励他们仿效褐马鸡那种舍命勇斗的尚武精神。还有外国贵妇人也喜欢购用褐马鸡的尾羽作为帽饰。褐马鸡体羽以褐色为主，脸、脚鲜红，不善飞翔，夜间树栖。它分布范围最窄，数量最少，现在只产于山西北部和河北西部的少数山区。因此，褐马鸡是我国最珍稀的雉禽。白马鸡，全身大部为白色，分布地区以西藏为中心，因此又称"藏巴鸡"。蓝马鸡，体羽以光亮的蓝色为主，产于宁夏、青海、甘肃、四川部分山区，宁夏回族自治区已将"蓝马鸡"定为自治区的"区鸟"。

在我国特产的各种雉鸡类中，最著名于世的还是莫过于两种"锦鸡"：即红腹锦鸡（又名金鸡）和白腹锦鸡（又名铜鸡或银鸡）。因为它们既美丽吸引人，数量又较多，人们容易观赏到它们的倩影。陕西宝鸡附近的秦岭山脉，是盛产金鸡的地方，故此得名。锦鸡把黑、白、棕、褐、朱红、金黄、天蓝、翠绿、浅灰、橘橙等五颜六色如此和谐地集拢于一身，这真是令人赞叹的大自然的奇妙杰作。

我国出产的 5 种"角雉"中，有 4 种产于我国西藏及其附近西南山区，唯独我国特有的黄腹角雉，产于我国东南和华南地区，数量已日渐稀少，如今在福建武夷山自然保护区还能见到。所谓"角雉"，因为这类雄鸟羽冠两侧，长有肉质角状突，产地的人称它为"角雉"，它的喉部还生有肉裙。这两者都是求偶的第二性征。黄腹角雉，雄雉体羽大部分为栗红色，下身则为皮黄色。肉角暗蓝色，肉裙橙黄色，并夹杂有灰黄映斑和蓝色边缘。发情时，角裙都膨胀扩大，颜色也变得特别鲜艳。

我国产 3 种"虹雉"中，独有绿尾虹雉只产于我国青海、甘肃、四川部分海拔 4000～5000 米的高山草甸。因为它喜欢掘食贝母，产地俗名叫"贝母鸡"。虹雉身上闪耀着彩虹一般的金属光彩，在鸟类中是无与伦比的。

我国产的 5 种"长尾雉"，其中白冠长尾雉、白颈长尾雉和黑长尾雉是我国的特产。黑长尾雉，只产于台湾阿里山区，雄雉体羽为深黑蓝色，微泛光泽，脸和冠为鲜红色，足部呈绿褐色，白色横纹的尾羽可长达半米多，姿色极为壮丽，被誉为"帝雉"。现在黑长尾雉，除世界各地动物园饲养外，在野外已很难听到它们清脆的鸣啼声了。

"草原歌手"百灵鸟

马 鸣

新疆是百灵鸟的家乡和乐园。据统计,全国共有百灵科鸟类 12 种,而分布在新疆的就有 9 种,种类之多居全国之首。

新疆各族人民十分珍爱百灵鸟,视之为幸福、吉祥的象征;各族男女以百灵鸟命名者也不乏其人;在众多的民歌里,更是少不了"百灵鸟在歌唱"的词句。

新疆人热爱百灵鸟,并非"以貌取鸟"。真的,百灵鸟的外表不算美。在新疆最常见的有凤头百灵、角百灵、沙百灵、云雀等。就拿角百灵来说,一身土灰色,头上长着两簇深色的羽毛,乍一看,甚至给人一种"锋芒毕露"的感觉。其实,这正是百灵鸟对栖息在广阔的草原荒漠里的一种适应。

百灵鸟素有"草原歌手"的美称。其鸣叫声不仅音韵婉转动听,而且多变。它能仿效燕子、黄莺、喜鹊等多种鸟的音调,还能学猫、狗等的叫声。百灵鸟为什么要成天放声歌唱呢?是为了占领地盘和寻求配偶。雄鸟、雌鸟先是双双在高空飞翔、鸣叫,然后快速落进草丛成婚配对。

我在野外考察中,曾目睹百灵鸟的两件趣事。有一回,我们遇上一只雌角百灵带着三四只刚出巢的小鸟在草地上嬉戏。当被我们惊动以后，雌鸟万分恐慌。不料我们身边的一只大黑狗又飞蹿过去，雌鸟开始是趴在地上装死，但一眨眼功夫它扇动着翅膀"活"了。它忽地飞出十几米远，而后又忽东忽西地飞飞停停，并故技重演数次，终于把大黑狗引出巢区。为了传种和生存，一只小鸟的智与勇也是不可估量的。

还有一回，是在那令人神往的巴音布鲁克草原上，我有幸在这里亲眼见到了角百灵和鼠类同穴的现象，这真是一种特殊的适应。因为在平坦的干旱草原，缺少高大的灌木丛，鸟类就不得不把巢建筑在地面的沙窝上或者鼠洞里。究竟鸟与鼠之间是一种什么关系呢？据说，我国早在 2000 多年前就有人发现了这一生物现象，《尚书·禹贡篇》中就曾有过记载。这是一种复杂的互利关系：鼠为鸟提供繁殖和避风的巢穴，鸟则为鼠站岗报警和清理寄生虫。令人费解的是，它们之间的默契是怎样建立的呢？

几维鸟

钟毓琳

我们一到新西兰，新西兰外交部送给我们的书面材料中，附有几枚精巧的金属胸针。其中有毛利人的人像雕刻缩影，还有一种就是长嘴鸟。主人告诉我们，这是新西兰特有的鸟类——几维鸟，也是新西兰的国鸟。可是听说几维鸟已濒临绝迹，而且昼伏夜出，这使我们颇感失望，以为同它无缘一见了。

3月31日，我们在罗托鲁瓦市，意外地有幸一睹它的风采。

罗托鲁瓦是新西兰著名的旅游区，市内有彩虹美泉公园。该公园不仅给人们提供了游憩、娱乐之所，而且还是一个观察新西兰特有动植物的窗口。

游览彩虹美泉公园的主要目的，是要欣赏久负盛名的几维鸟。我们先在公园的橱窗里看到两只几维鸟的标本，后来在一座模拟夜景的禽馆里，终于看到了慕名已久的活的几维鸟。这个禽馆是专为游客欣赏新西兰特有的昼伏夜出的鸟类而设的。乍入馆，仿佛进入沉沉黑夜，待视觉适应后，才看到通道两侧装有玻璃橱窗的饲养室，室内淡月疏星，暮色苍茫，在若明若暗的天幕下，老树枯藤，腐土败叶，布置得既巧妙又逼真。在饲养室中，隐约看到黄褐色的几维鸟，状如母鸡，长嘴球身，在悠然觅食。据说它的嗅觉很灵敏，长嘴顶端有鼻孔，掘入地面的腐叶中，嗅寻昆虫、贝壳和浆果等食物。当它昂头站立时，我们看到它约有 30 厘米高，嘴细长，几乎超过身长的二分之一。据说雌性几维鸟的嘴长于雄性的。

几维鸟不会飞，属于无翅目鸟类。在新西兰土著民族毛利人中，还有这样的说法：在很久很久以前，几维鸟的羽毛是很漂亮的，也能飞翔。有一天，森林起火，它最后逃出森林，结果身上的羽毛被烧焦，成了现在的黄褐色，尾巴和翅膀也被烧掉，所以飞不起来。这种传说，也许是毛利人借物抒情，自叹遭受西方殖民者迫害的身世。据陪同我们的米勒先生说，在欧洲人来到新西兰之前，新西兰土地上没有蛇、猫等捕食鸟类的动物，只有野兔与鸟类争食。当时，新西兰南岛和北岛的地面上全是鸟的天下。

蜂 鸟

〔法〕布 封

　　在所有动物当中，蜂鸟的体态最妍美，色彩最艳丽。金雕和玉琢的精品也无法同这大自然的瑰宝媲美。它属于鸟类，但体积最小，"以其微末博得盛誉"。小蜂鸟是大自然的杰作，其他鸟仅仅部分享有的品质它都兼而有之：轻盈、迅疾、敏捷、优雅和华丽的羽毛——这小小的宠儿应有尽有。它身上闪烁着绿宝石、红宝石、黄宝石般的光芒，它从来不让地上的尘土玷污它的衣裳，而且它终日在空中飞翔，只不过偶尔擦过草地；它在花朵之间穿梭，永远生活在自由天地里。它有花的鲜艳，有花的光泽；花蜜是它的食粮；它只生活在花儿常新的国度里。

　　各种蜂鸟分布在新大陆最炎热的地区，它们数量众多，但仿佛只活跃在两条回归线之间。那些在夏天把活动范围扩展到温带的蜂鸟，在那儿也只作短暂的逗留；它们仿佛是太阳的追随者，同它一起前进、一起回归，并且乘着和风的翅膀在永恒的春天里翱翔。

　　最小的蜂鸟体积比虻还小，粗细不及熊蜂。它的喙是一根细针，舌头是一根纤细的线；它的眼睛像两个闪光的黑点；它翅膀上的羽毛非常轻薄，好像是透明的；它的双足又短又小，不易为人察觉；它极少用足，停下来只是为了过夜，而白天它纵情在空中遨翔；它飞翔起来持续不断，而且速度很快，发出嗡嗡的响声。它双翅的拍击非常迅捷。所以它在空中停留时不仅形状不变，而且看上去毫无动作；只见它在一朵花前一动不动地停留片刻，然后箭一般朝另一朵花飞去。它是所有花朵的客人，它用细长的舌头探进它们怀中，用翅膀抚摸它们，但既不老是固定在一个地方，也不一离去就不复返；它来去无常仅仅是因为它随心所欲和以无邪的方式恣意欢娱，因为这位轻浮的情人虽然靠花儿生存，但并不摧残它们；它不过吮吸它们的花蜜，而且仿佛这是它舌头的唯一用途。

除了勇敢——或者毋宁说鲁莽，这种小鸟还朝气蓬勃；人们看见它狂怒地追逐比它大 20 倍的鸟，附着在它们身上，反复啄它们：让它们载着自己翱翔，一直到平息它微不足道的愤怒。有时，蜂鸟之间也发生非常激烈的搏斗。急躁看来是它们的天性。如果它飞近一朵花，并且发现花儿已经凋零，无蜜可采，它立即毁掉花瓣儿，以示恼怒。蜂鸟只能发出一种低微的急促而反复的叫声："嘶咔、嘶咔……"拂晓就能听见蜂鸟在林中啁啾，到太阳放射出最初的光芒，蜂鸟的族群便振翅而起，飞散到广阔的原野上去。

（程依荣 译）

会笑的鸟

王晓雨

　　悉尼 2000 年奥运会上的三个吉祥小动物，其中有一只是鸟儿，这只鸟儿看上去没什么特别亮丽的羽毛，身上的羽毛好像是一片片地从别的鸟儿身上夺过来的，搭配得杂。嘴喙比一般鸟儿大一些，也长一些，我们甚至可以说它有些丑。但大多数澳大利亚人却对它很熟悉，也喜爱它，称它为笑鸟（Laughing bird），其实它的真名叫伯劳（Kookaburras）。

　　这是目前世界上最大的翠鸟。别的大陆如亚洲也有很多翠鸟，但那里的翠鸟都很小，吃鱼、昆虫和树叶。澳洲的笑鸟是世界上最小的食肉鸟，除吃昆虫等外，甚至还吃蛇和蜥蜴等动物。它们开始生活在澳大利亚的东北和东南海岸，后来被人们引入到西南和西澳大利亚。

　　笑鸟的歌声常常响在早晨的曙光中或者在傍晚夕阳里。这就成为在灌木丛中干活的人的一个很好的闹钟。农人、猎人、放牧者很容易掌握当时的时间，不会错过时辰的。

　　野营扎帐篷睡觉的人，早上起床后说笑鸟的叫声比闹钟还响 5 倍！那种叫唤可不是装腔作势的，半吐半咽的，而是放开喉咙使劲地放声歌唱。那种欢乐笑声和人很像，不过我听下来像山里人，也像北方人欢天喜地的歌唱，甚至如秧歌唢呐一阵一阵的。

在第一次低调子开始后，就进入第二个循环，声音如"喔，喔，喔"，每一声间隔长达2秒钟，然后马上转入更大声的笑，声音变成"嗨，嗨，嗨"，声调间隔时间也延长到5秒。直到声音渐渐轻下来，又回到2秒钟一唤，仿佛开始时一样。从"喔，喔，喔"到"嗨，嗨，嗨"周而复始一天可以重复多次，然后会突然停止，或迅速消失。

笑鸟的唱歌经常是合唱的形式，不像其他能表演的动物在发情时才唱歌，是为了争夺配偶博得异性一笑，"为情而唱"。笑鸟完全是为唱而唱，换句话说，唱歌完全是发自内心的，所以，在唱歌、放声大笑时不排斥第三者，甚至欢迎合作伙伴，常常看见两三只笑鸟在同一树枝上"小合唱"，按我们人类（特别是音乐欣赏发展到今天的水准的现代音乐人）的标准，笑鸟合唱的和声部不够整齐，有些怪调，太刺耳了。

当领唱的那只笑鸟开始轻唱，旁边的其他笑鸟立刻会得意地跟随哼唱起来，每一只笑鸟都各自独立地进入自己的角色。因为没有导演和指挥，当左边的笑鸟进入"嗨，嗨，嗨"的阶段时，右边的笑鸟仍然在"喔，喔，喔"，显然不够谐调，但如果一处是高音，一处是低音，抑扬顿挫，你则会觉得这是天籁之音呢！

当然，也有的笑鸟在唱歌时，会"改进"它的发音和声调，略为好听一点，但大多数时候，则是百分之百的噪音。

合唱在全年都会发生，特别多的是在繁殖期前几个月。每年的一二月份，当笑鸟脱换羽毛时，常能听到短歌，不过那时人们只听到歌声，看不到鸟，因为那时笑鸟正在换羽毛，"自惭形秽"不好看，于是就总是躲在隐藏处，低声吟唱。

学者专家不认为笑鸟为唱而唱，为笑而笑。很多研究表明，笑鸟的大笑大唱虽不为情，却是为利，目的是让别的鸟离开自己的领地。可以说笑鸟唱歌是为宣告其对土地的占领，意思是"我已经占领这块

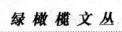

地方，所有的虫子、食物都归我，你们不要靠近！"成员少的笑鸟家族，合唱声音小，领土之争斗中也不会胜利，孵化季节食物来源就会受影响。派瑞有一天见到一个大家庭侵占别的笑鸟家族领地，早上、晚上不停地唱歌，用集体的歌声来宣告对旁边的领地占领长达1周，被侵占或争斗中失败的一方最后只好放弃竞争。派瑞根据741只笑鸟的跟踪记录，发现有百分之六十六的笑鸟会根据邻居的合唱马上作出相同回应或者说反击。

笑鸟的奇异性远比我们知道的要多，它的家庭类似人类家庭，从生蛋到孵化和换毛，到独立成家，差不多3年的心血。在鸟类中而言是比较接近哺乳类了。

笑鸟袭击蛇是十分成功的，特别是那些小蛇。春天是小蛇出来的时候，小蛇是小笑鸟最好的美食。澳大利亚幅员辽阔的灌木丛是蛇类的天堂，在控制蛇的数量方面，笑鸟立了不小的功劳。

有人看见笑鸟叼着蛇或小鼠从空中摔下来，击昏它们，反反复复多次。笑鸟也吃蜥蜴等爬虫类。据此分析，有些人家庭院中池塘里的金鱼突然少了几条，也只能是聪明的笑鸟所为，因为，这只吃肉的鸟属翠鸟，它的祖先是吃鱼的。

企鹅传奇

〔美〕富兰克林·拉塞尔

　　硕壮的大皇帝企鹅立在大块浮冰上，面对着向南极天际下沉的通红的午夜太阳。1月的太阳沉落了，黄色阳光抹过冰原。半小时后太阳重新升起，射出耀眼白光。皇帝企鹅立定强有力的脚爪，平衡一下它那1米多高的身躯，钻下水去。

　　企鹅一入水就变得像鱼一般活泼，朝幽暗的海底俯冲，比鱼更快速，可潜水20分钟捕食鱼虾。人在这冰冷刺骨的水中只要几秒钟就会冻死，但企鹅身上长满浓密油光的羽毛，空气贮存其中，有绝缘作用，故寒气不侵。在200多米下漆黑的海水中，这种大鸟能觉察其他生物在黑暗中移动时的振动，猝然冲向一群乌贼，用尖喙咬住猎物，然后回到水面。

　　它像游龙般跃出水面1米高，肚子朝下，扑通落在浮冰上时，海水闪闪发光。其他数以百计的皇帝企鹅也都随着跃出水面，直立冰上，就像一排领班侍者，身穿白硬胸衬衫，黑燕尾大礼服，好不神气！大皇帝企鹅重达45千克，是同类中最大的。

　　企鹅是地球上比较特别的动物，在那一望无垠、寸草不生的南极冰原，这种不能振翼飞翔的鸟可纵横于数千千米的大海上觅食，无惧于苦寒与疾风，并锻炼出特别的本领和即将来临的寒冬搏斗，依赖体内过剩的脂肪，即使数星期乃至数月不进食也能支持下去。它们挤在一起互相取暖，利用特别浓密的羽毛，抗拒其他生物所无法忍受的威猛飓风。

大皇帝企鹅又钻进水中，听到鲸和海豹在同一海域觅食，发出呼啸、低沉的咕噜和喘息声。它的生命和这天寒地冻、危机四伏的自然界中其他无数动物连锁在一起。海中的硅藻和微型植物是糠虾捕食的对象，而这种160毫米长的虾状动物又是千千万万鲸、海豹、海鸟、乌贼等的食粮。南极夏季的1～2月是一年中最理想的捕食期，于是皇帝企鹅不停地饱餐乌贼和小鱼，比过去长得更肥壮。

2月底，南极秋季将临，日益疾劲的风暴横扫海面和冰原，大皇帝企鹅停止进食，开始向南走动，成千上万的企鹅结队随行，向古老的繁殖区迁徙。每年此时，它们凭本能回到南极洲海岸附近的同一低洼冰原去。

大皇帝企鹅在它有生的8年中，已6度南迁。有一年，企鹅的群栖窠在海岸上1500米之处。另一年，它在冰上步行了40千米才到达老家。今年，2月初冰就融解崩裂了。然后重新冻结为高低不平、横七竖八的大冰块，形成重重障壁。它在一个大冰块旁停下来，身后的许多企鹅互相跌撞，挤成一团，愤怒地争吵、叫嚷，直到大家止步才罢休。

经过半天的耽误，大皇帝企鹅终于爬过最后一重锯齿状障壁，用腹部快速溜过平坦的冰原，并用强健有力的脚滑行，1小时内到达群栖窠所在地。它在那里一声复一声啼唤，发出刺耳的喇叭声，向去年的配偶示意求爱。凭对方的歌声，可认出去年的爱侣。每天有许多雌企鹅在它面前唱歌，为了赢得它的垂青，不惜打起架来。但它不把雌企鹅放在眼里。它等待，在齐声合唱、咯咯啼唤向它献媚的企鹅群中缓步而行。气温下降了。不久，太阳又从北方天际升起——苍白的阳光出现不过7小时，黑夜则长达17小时。海面冻成结实的冰原，大海已远在北方65千米处。

在一个狂风大作的夜晚，大皇帝企鹅碰到一只孤单的雌企鹅，正立在大冰块下风处。它引吭高歌，对方也随声唱和。它屈身行礼，伸出颈项，又唱起来。现在它和老伴面对而立，胸抵着胸。一座冰山裂开的隆隆巨响随风传来。

当晚气温降至零下 40 摄氏度，无数企鹅排成长而椭圆形的队伍，把大皇帝企鹅和它的老伴紧紧包围起来。今夜狂风不息，可是，它俩在一起却感到无限温暖。

企鹅的求偶和交配期从 4 月一直到 5 月初。这是初冬风暴最多、气候最坏的日子。然后，企鹅的繁殖区归于一片沉寂。白日变得更短。到 5 月中旬，太阳在天际只露出火红的眉梢，前后不过几分钟，夜晚长达 23 小时。有一天，破晓前不久，雌企鹅产下一个卵。大皇帝企鹅兴高采烈，双双对唱。周围其他企鹅也成双成对，为它们新产下的卵而庆祝歌唱。嘹亮的歌声在晨风中震颤。

不过，产卵只让大皇帝企鹅和它配偶的婚配关系暂告一段落。新卵产下不久，雌企鹅向它鞠躬，缩拢孵囊的松皮把卵露出来。它欢唱鞠躬，以喙触卵。雌企鹅倒退几步，卵就弃在冰上。

大皇帝企鹅立即滑步向前，用喙把卵拂到自己扁平的脚蹼上，又弯曲脚下的利爪，把卵从冰上举起放入自己的孵囊，然后闭上。雌企鹅歌唱，鞠躬后掉头走开，跟随其他雌企鹅朝北方大海进发。

大皇帝企鹅在下一个月中守护那只卵，捱过南极冬季最苦寒的日子。有些体质较弱的雄企鹅丧失了求生的意志，被暴风吹倒时，便随风滚过冰原。其他雄企鹅把卵弃置在几乎是永远的黑暗中。那些卵往往被单身企鹅据为己有。

然后，有一天，太阳在冰原上微现，北方天际短暂地闪露一丁点阳光。企鹅群栖寨顿时蓬勃有生气。第一批新卵纷纷破壳而出。雏鸟因饥饿而叫号，可是叫也枉然。因为吃得饱饱的雌企鹅还远在 110 千米外的冰原上朝着群栖寨挣扎赶路呢。

7 月中旬，大皇帝企鹅觉察自己的卵在蠕动，于是弯着腰，松开孵囊，露出裂了壳的卵。这时雏鸟正在里面拼命撞。它收紧孵囊，卵壳就在里面贴着皮肤摩擦。第二天黎明，蛋壳破了。小东西啾啾叫，从大皇帝企鹅腹下一跃而出。它俯身用少许乳汁状分泌物哺雏鸟，那是它在捕食季节储存的最后一点食物。雏鸟赖体温、父亲口中的少量食物和自己体内的残余蛋黄以维持生存。大皇帝企鹅用喙整理雏鸟的羽毛，再把雏鸟推进孵囊里。这时它必须坚持下去，忍饥挨饿，等待雌企鹅回来才可换班。

一个星期后，暴风雪停止，雌企鹅开始露面，一个个身躯肥硕，羽毛光泽，它们走近时，群栖窠一片雏鸟咯咯喧嚷、嗷嗷待哺声。企鹅群以滑雪橇的姿势，一个踢一个在雪原上滑行。大皇帝企鹅孵卵将近 65 天，体重减轻了 18 千克，终于听到熟悉的歌声，于是引吭唱和，它的老伴应声作答。

但是它不肯轻易把雏鸟交出来。即使是它的老伴也不愿割爱。第二天，老伴用利喙猛啄它。雏鸟吓得哇哇叫，从孵囊里掉出来，趴在冰上。雌雄两企鹅都要夺回雏鸟。还有个单身的企鹅在旁伺机而动。一场混战结束后，雌企鹅终于把雏鸟装进孵囊，哺以半消化的乌贼。大皇帝企鹅踌躇了一天一夜，然后才离窠出海。

大皇帝企鹅在初春海上大吃大喝时，雌企鹅却将体内贮存的食物一点一点地吐出哺雏。8 月下旬，大皇帝企鹅又长得肥硕、富有光泽，满足地走回来了。最寒冷的风暴已过去，现在雏鸟在双亲照料下，长得很快。到 10 月份，海上的冰退到群栖窠附近 1.5 千米时，雏鸟开始自己觅食。一日早晨，母亲出海去了，大皇帝企鹅留在窠里，还要饲养雏鸟。有一天，雏鸟也离窠走了，靠本能学习独立生活。

到了 11 月，群栖窠的所在地已变成一个长而椭圆、黄色污点斑驳的冰块，并且开始瓦解了。浮冰在海水中发出低沉的爆裂声和劈开时的轰隆巨响，大皇帝企鹅领着一群同伴立在一块浮冰上，举起鳍状肢，伸出脖子，引吭长啸，好像在期待着大海上短暂而丰饶的捕食期。后来，天快黑了，它便消失在食物充足的南冰洋中。

三、昆虫诗篇

蝉的一生

〔法〕法布尔

我们大多数人对于蝉的歌声，总是不大熟悉，因为它是住在生有洋橄榄树的地方，但是曾读过拉·封登的寓言的人，大概都记得蝉曾受过蚂蚁的斥责的吧，虽然拉·封登并不是谈到这故事的第一人。

故事上说：整个夏天，蝉不做一点事，只是终日唱歌，而蚁则忙于储藏食物。冬天来了，蝉为饥饿所驱，只有跑到它的邻居那里借一些粮食。结果它遭了难堪的待遇。

勤俭的蚂蚁问道："你夏天为什么不收集一点食物呢？"蝉回答道："夏天我歌唱太忙了。"

"你唱歌吗？"蚂蚁不客气地回答："好啊，那么你现在可以跳舞了。"它就转身不理蝉了。

但在这个寓言中的昆虫，并不一定是蝉，拉·封登所指的恐怕是螽斯，而英文常常把螽斯译为蝉。

就是我们村庄里，也没有一个农民，会如此无常识地想像冬天会有蝉存在。差不多每个农民，都熟悉这种昆虫的蛴螬，天气渐冷的时候，他堆起洋橄榄树根的泥土，随时可以掘出这些蛴螬。至少有千次以上，他曾见过这种蛴螬穿过它自造的圆孔，从土穴中爬出，紧紧握住树枝，背上裂开，蜕去它的皮，变成一只蝉。

这个寓言是诽谤。蝉确实需要邻居们很多的照应，但它并不是个乞丐，每到夏天，它成阵地来到我的门外，在两棵高大悬铃木的绿荫中，从日出到日落，刺耳的乐声吵得我头脑昏昏。这种震耳欲聋的合奏，这种无休无止的鼓噪，简直使人无法思索。

　　有的时候，蝉与蚁也确实打交道，但是它们与前面寓言中所说的刚刚相反。蝉并不靠人生活。它从不到蚂蚁门前去求食，相反的，倒是蚂蚁为饥饿所驱，求乞于这位歌唱家。我不是说乞求吗？这句话，还不确切，它是厚着脸皮去抢劫蝉。

　　7月天气，当我们这里的昆虫，为口渴所苦，失望地在已经萎谢的花上，跑来跑去寻求饮料，而蝉却依然很舒服，不觉痛苦。用它生在胸前突出的嘴，——一个精巧而尖利如锥子的吸管，来刺饮取之不竭的树干的汁液。它坐在树的枝头，不停地唱歌，只要钻通坚固平滑的树皮，里面有的是汁液，它就可畅饮　气。

　　如果稍许等一下，我们也许就可以看到它遭受意外的烦忧。因为邻近有很多口渴的昆虫，立刻发现了蝉的"井"里流出浆汁，它们起初是安静小心地跑去舐食。这些昆虫大都是黄蜂、苍蝇、蚰蜒、玫瑰虫等，而最多的却是蚂蚁。

　　身材小的为了要达到这个井，就偷偷从蝉的身底爬过，蝉却很大方的抬起身子，让它们过去。大的昆虫抢到一口，就赶紧跑开，走到邻近的枝头，当它再回转头来，胆量比从前忽然大起来，一变而为强盗，想把蝉从井边驱逐掉。

　　顶坏的罪犯，要算蚂蚁。我曾见过它们咬紧蝉的腿尖，拖住它的翅膀，爬上它的后背，甚至有一次一个凶悍的强徒，竟当我的面，抓住蝉的吸管，想把它拉掉。

　　最后，麻烦越来越多，这位歌唱家无可再忍，不得已抛开自己所做的"井"，悄悄地溜走。于是蚂蚁的目的达到，占有了这个井，确实这个井干得很快。但是当它喝尽了里面所有的浆汁以后，还可以等待机会再去抢劫别的井，以图第二次的痛饮。

你看，真正的事实，不是与那个寓言正相反吗？蚂蚁是顽强的乞丐，而勤劳的生产者却是蝉。

我有很好的环境可以研究蝉的习性，因为我是与它同住的，7月初临，它就占据了靠我屋子门前的树。我是屋里的主人，门外它却是最高的统治者，不过它的统治无论怎样总是不很安静的。

蝉的初次发现是在夏至。在阳光暴晒、久经践踏的道路上，有好些圆孔，与地面相平，大小约如人的拇指。通过这些圆孔，蝉的蚴蟟从地底爬出，在地面上，变成完全的蝉。它们喜欢干燥和阳光，因为蚴蟟有一种有力的工具，能够刺透焙过的泥土与沙石。当我考察它们遗弃下的储藏室时，我必须用斧头来挖掘。

最使人注意的，就是这约3厘米口径的圆孔，四边一点垃圾都没有，没有将泥土堆掷弃在外面。大多数的掘地昆虫，例如金蜣，在它的窠巢外面总有一座土堆。这种区别是由于它们工作方法的不同。金蜣的工作是由洞口开始，所以把掘出来的废料堆积在地面；但蝉蚴蟟是从地底上来的，最后的工作，才是开辟门口的出路。因为门还未开，所以它不可能在门口堆积泥土。

蝉的隧道大都是深达38～40厘米，通行无阻，下面的地位较宽，但是在底端却完全关闭起来。在做隧道时，泥土搬移到哪里去了呢？为什么墙壁不会崩裂下来呢？谁都要以为蚴蟟用了有爪的腿爬上爬下，会将泥土弄塌了，把自己的房子塞住的。

其实，它的动作，简直像矿工，或是铁路工程师。矿工用支柱支持隧道，铁路工程师利用砖墙使地道坚固，蝉同他们一样聪明，它在隧道的墙上涂上水泥。在它的身子里藏有一种极粘的液体，就用它来做灰泥，地穴常常建筑在含有汁液的植物根须上的。它可以从根须取得汁液。

　　能够很随便地在穴道内爬上爬下，对于它是很重要的。因为当它可以出去晒太阳的日子来到时，它必须先知道外面的气候是怎样。所以它工作好几个星期，甚至几个月，做成一条涂墁得很坚固的墙壁，适宜于它上下爬行。在隧道的顶上，它留着一指厚的一层土，用来保护并抵御外面气候的变化，直到最后的一刹那。只要有一些好天气的消息，它就爬上来，利用顶上的薄盖，去考察气候的情况。

　　假使它估量到外面有雨或风暴——当纤弱的蛴螬蜕皮的时候，这是一件顶重要的事情——它就小心谨慎地溜到温暖严谨的隧道底下。但是如果气候看来很温暖，它就用爪击碎天花板，爬到地面上来了。

　　在它臃肿的身体里面，有一种液汁，可以利用它来避免穴里面的尘土。当它掘土的时候，将液汁喷洒在泥土上，使它成为泥浆。蛴螬再用它肥重的身体压上去，使烂泥挤进干土的罅隙里。所以，当它在顶上出现时，身上常有许多潮湿的泥点。

　　蝉的蛴螬，初次出现于地面时，常常在邻近地方徘徊，寻求适当地点——一棵小矮树，一丛百里香，一片野草叶，或者一枝灌木枝——蜕掉身上的皮，找到后，它就爬上去，用前爪紧紧的把握住，丝毫不动。

　　于是它外层的皮开始由背上裂开，里面露出淡绿色的蝉。头先出来，接着是吸管和前腿，最后是后腿与摺着的翅膀。此时，除掉身体的最后尖端，全体已完全蜕出了。

　　其次，它表演一种奇怪的体操，它腾起在空中，只有一点固着在旧皮上，翻转身体，直到头倒悬，褶皱的翼向外伸直，竭力张开。于是用一种几乎不可能看清的动作，又尽力将身体翻上来，并用前爪钩住它的空壳，这个动作，把它身体的尖端从壳中脱出。全部的经过大概要半点钟之久。

在短时期内，这个刚得到自由的蝉，还没十分强壮。在它的柔弱的身体还没具有精力和漂亮的颜色以前，必须在日光和空气中好好地沐浴。只用前爪挂在已蜕下的壳上，摇摆于微风中，依然很脆弱，依然是绿色的，直到棕色出现，才同平常的蝉一样。假定它在早晨 9 点钟占据了树枝，大概在 12 点半，扔下它的皮壳飞去。空壳挂在枝上有时可以经过一两个月之久。

蝉似乎是由于自己的喜爱而歌唱的。翼后的空腔里带着一种像铙一般的乐器。它还不满足，还要在胸部安置一种响板，以增加声音的强度。有种蝉，为了满足音乐的嗜好，确实做了很多的牺牲。因为有这种巨大的响板，使得生命器官都无处安置，只好把它压紧到身体最小的角落里。为安置乐器而缩小内部的器官，这当然是极热心于音乐的了！

但是不幸得很，它这样自鸣得意的音乐，对于别人，完全不能引起兴趣。就是我也还没有发现它唱歌的目的。通常的猜想，以为它是在叫喊同伴，然而事实证明这个见解是错误的。

蝉与我比邻相守差不多 15 年，每个夏天，将近两个月之久，它们总不离我的眼帘，而歌声也不离我的耳畔。我通常都看见它们在悬铃木的柔枝上，排成一列，歌唱者和它的伴侣相并而坐。吸管插到树皮里动也不动地狂饮，夕阳西下，它们就沿着树枝用慢而且稳的脚步旋转，寻找最热的地方。无论在饮水或行动时，它们从未停止歌唱。

所以这样看起来，它们并不是叫喊同伴。因为你不会费时几个月，站在那里去呼喊一个正在你身旁的人。

其实，照我想，就是蝉自己也不曾听见它这种兴高采烈的歌声，不过是想用这种强硬的方法，强迫别人去听而已。

它有非常清晰的视觉。它的 5 只眼睛，会告诉它左右以及上方有什么事情发生；只要看到有谁跑来，它立刻停止歌声，悄悄飞去。然而喧哗却不足以惊扰它，你尽管站在它的背后讲话，吹哨子，拍手，撞石子，它都满不在乎。要是一只麻雀，就是比这种声音更轻微，虽然它没有看见你，一定也会惊慌地飞去。这镇静的蝉却仍然继续发声，好像没有事一样。

有一回，我借来两支农民在节日用的土铳，里面装满火药，就是最重要的喜庆事也只用这么多。我将它放在门外的悬铃木树下。我们很小心地把窗开着，以防玻璃震破。在头顶树枝上的蝉，不知道下面在干什么。我们6个人等在下面，热心倾听头顶上的乐队受到什么影响，砰！枪放出去，声如霹雳。

一点没关系，它仍然继续歌唱。没有一个表现出一点扰乱的情况，声音的质与量也没有改变。第二枪和第一枪一样，也不发生影响。

我想，经过这次实验，我们可以确实，蝉是听不见的，好像一个极聋的聋子，它是完全不觉得它自己所发的声音的！

普通的蝉喜欢产卵在干的细枝上，它选择那最小的枝，像枯草或铅笔那样粗细；而且往往是向上翘起，从不下垂，差不多已经枯死的小枝干。

它找到了适当的细树枝，用胸部尖利的工具，刺成一排小孔，——这些孔好像用针斜刺下去，把纤维撕裂，把它微微挑起。如果它不被扰害，一根枯枝上，常常刺成30或40个孔。

它的卵就产在这些孔里的小穴中。这些小穴是一种狭窄的小径，一个个的斜下去。每个小穴内，普通约有10个卵，所以总数在300～400。

这是一个昆虫的很好的家族。然而它之所以产这许多卵，理由是防御一种特别的危险，必须要产生大量的蝤蟥，预备被毁坏掉一部分。经过多次的观察，我才知道这种危险是什么。就是一种极小的蚋，它如果和蝉比较起来，蝉简直是庞大的怪物。

蚋和蝉一样，也有穿刺工具，位于身体下面近中部处，伸出来时和身体成直角。蝉卵刚产出，蚋立刻企图把它毁坏。这真是蝉的家庭中之灾祸！大怪物只须一踏，就可轧扁它们，然而它们竟镇静异常，毫无顾忌，置身在大怪物之前，这真是令人惊讶。我曾见过3个蚋顺序地待在那里，同时预备掠夺一个倒楣的蝉。

蝉刚装满一小穴的卵，又到稍高的地方另做新穴。蚋立刻来到这里，虽然蝉的爪可以够得到它，然而它很镇静，一点不害怕，如同在自己的家里一样，在蝉卵之上，加刺一孔，将自己的卵产进去。蝉飞去时，它的孔穴内，多数已混进了蚋的卵，这能把蝉的卵毁坏。每个小穴内一个，就以蝉卵为食，代替了蝉的家族。

几世纪的经验，这可怜的母亲仍一无所知。它的大而锐利的眼睛，并非看不见这些可怕的恶人，不怀好意地待在旁边。它当然知道敌人跟在后面，然而它仍然无动于衷。它要轧碎这些坏种子非常容易，不过它竟不能改变原来的本能，不去解救它的家族。

从放大镜里，我曾见过蝉卵的孵化。开始很像极小的鱼，眼睛大而黑，身体下面，有一种鳍状物，由两个前腿连结而成。这种鳍有些运动力，帮助蛴螬走出壳外，并且帮助它走出有纤维的树枝，这是比较困难的事情。

鱼形蛴螬一出穴外，即刻把皮蜕去。但蜕下的皮自动地形成一种线，蛴螬靠它能够附着在树枝上。它在未落地以前，先在此行日光浴，踢踢腿，试试自己的筋力，有时却又懒洋洋地在绳端摇摆着。

它的触须现在自由了，左右挥动；腿可以伸缩；在前面的爪能张合自如。身体悬挂着，只要有一点微风，就动摇不定，在这里为它将来的出世做好准备。我所看到的昆虫中再没有比这个更具奇观的了。

不久，它落到地上来了。这个像蚤一般大的小动物，在它的绳索上摇荡，以防在硬地面上摔伤。身体渐渐在空气中变硬。现在它投入严肃的实际生活中了。

这时，在它面前危险重重。只要有一点风，就能把它吹到硬的岩石上，或车辙的污水中，或不毛的黄沙上，或坚韧得无法钻下去的黏土上。

这个弱小的动物，很迫切地需要隐蔽，所以必须立刻到地底下寻觅藏身的地方。天气冷起来了，迟缓就有死亡的危险。它不得不四处找寻软土；没有疑问，许多是在没有找到以前就死去了。

最后，它寻找到适当的地点，用前足的钩，扒掘地面。从放大镜中，我见它挥动斧头，将泥土掘出抛在地面。几分钟后，一个土穴就挖成了，这小生物钻下去，埋藏了自己，此后就不再出现了。

未长成的蝉的地下生活，至今还是未发现的秘密，不过在它未长成来到地面以前，地下生活所经过的时间我们是知道的。它的地下生活大概是 4 年。以后，在日光中的歌唱是 5 个星期。

4 年黑暗中的苦工，一个月日光下的享乐，这就是蝉的生活。我们不应当讨厌它那喧嚣的凯歌，因为它掘土 4 年，现在才忽然穿起漂亮的衣服，长起可与飞鸟匹敌的翅膀，沐浴在温暖的日光中。什么样的钹声能响亮到足以歌颂它那得来不易的刹那欢愉呢？

（王大汶　译）

草百灵

〔日〕小泉八云

它的笼子刚好是 6 厘米高，4.5 厘米宽，笼子的木门可在枢轴上转动，几乎容不下我的小指尖。但它在笼子里有足够的余地——可走，可跳，可飞；因为它那么小，你要瞥它一眼非得通过笼子四边褐色的纱网仔细地看不行。我总把笼子在明亮的光线下转了又转，若干次才能发现它在何处；这样才常发现它待在上面的一个角落里——朝下的笼顶上，紧抓着纱网。

请想像一下，一只跟平常的蚊子大小差不多的蟋蟀——一双触须比身体长得多，这么纤细，要对着光你才能分辨出来。Kusa-Hibari是它的日本名称，即"草百灵"（草云雀）；在市场上它刚好值一角二分钱；这就是说，比它的体重相等的黄金价值高出很不少。一角二分钱买一只蚊蚋似的玩意！……

白天它睡觉或冥思，除非在专心吃小片茄子或黄瓜的时候，这必须用小棍拨弄进去……要让它保持清洁或吃饱喝足是多少有点麻烦的：要是你看到它，你会想为了这么一个小得可笑的生物劳神是荒唐的。

可是一到日暮，这小极了的灵魂就醒来了：于是室内充盈着那纤微幽眇的音乐，无法用言语表现它的甜美——宛如最玲珑小巧的电铃发出的细细的丁零声，清脆而颤动。夜色愈浓，声音也变得更加甜润，——有时它增强到整个屋子似乎都因那清幽的共鸣而摇震——有时又减弱到如一丝似乎凭想像才能听出来的最细微的声音。但是忽高忽低，它保持一种不可思议的穿透空间的性质，整晚这小精灵就这么唱着：它只有在寺院的晨钟宣布黎明到来时才停止。

这小小的歌是一首爱之歌——对无形和无名的对象的模糊的爱。在它现今的生存状态下它要看到或知道这种爱是完全不可能的。即使它的祖先，上溯到许多代以前，也不可能了解田野的夜生活，或这支歌的爱的价值。它们是在某个卖昆虫的商人的店铺里，用陶盆从卵孵化出来的；此后它们就以笼子为家。但是它现在唱着这一种族的歌，如同一万年前唱出来的一样，无懈可击地仿佛它明白每个音符确切的意义。当然它没有学过这首歌，那是一首有机的记忆里的歌——对别的亿万生命的深沉而朦胧的回忆，那时这些生命在夜晚从山间带露的草丛里唧唧的欢鸣。那歌给歌者带来爱和死。这只草百灵已经忘掉有关死的一切，但它记住了爱。因为现在它——为永远不会来的新娘而歌唱。

结果它的渴望是无意识的和具追溯性的：它对往昔的尘土呼唤——它向寂静和神灵们要求时间的倒转……人类的情人做的是同样的事，不过没有认识到而已。他们把自己的妄念称为理想；他们的理想终究不过是人类这一族的经验的影子，有机的记忆的幽灵。现在的生活跟这关系很小……也许这只小精灵也有一种理想，至少一种理想的雏形；可是，不管怎样，这小小的渴望必然要徒劳地发出它的悲鸣。

过失不完全是我的。我曾经得到警告，如果这生物经过交配，它将停止啾鸣而迅速死亡。但是，夜复一夜，那哀怨，甜美，没有应和的鸣声触动着我，像是责难——最后变为困扰、苦恼和良心的折磨；于是我试图买一只雌虫。季节太迟了；再没有草百灵出售了。卖昆虫的商人说："它本应该在 9 月 20 日左右死去的。"（已经是 10 月 2 日了）但卖虫的商人不知道我在书斋里有一个不错的炉子，把室温保持在华氏 75 度以上。因此我的草百灵在 11 月末依然歌唱，我希望这能使它活到大寒，然而它的同辈恐怕都已死亡：我怎么也无法替它找到一个伴侣。倘若我给它自由，让它自己去找，即使走运地避开花园里它的天敌，蚂蚁啦，蜈蚣啦，和可怕的地蜘蛛而活过白天，它也未必能活过一个晚上。

昨晚——11 月 29 日，我坐在书桌旁，一种奇异的感觉油然而生：室内的空虚之感。于是我发觉我的草百灵一反它的常态，沉默了。我走到笼子那里一看，它躺在干成一团的茄子旁死了，茄子是灰色的，硬如石头。明显地已经有三四天没人喂它；可是就在它死去的先一天晚上它还唱得欢极了——所以我愚蠢地以为它比平常更心满意足。我的学生阿木，他喜爱昆虫，经常喂它；但阿木到乡下度假去了，假期有一周，照看草百灵的任务就转托给女仆花子。花子这女仆却缺乏同情心。她说她没忘记这小虫——可是没有茄子了。她绝没想到用一片葱头或黄瓜代替！……我对花子责备了一通，她恭顺地表示后悔。但那飘飘的仙乐已经绝响；寂静是无声的责备；尽管有火炉，房间里冰凉。

荒唐！……我为了半颗大麦粒大小的一只昆虫使一位好姑娘不欢！一个小极了的生命的熄灭困扰我，超过了我认为可能的程度……当然，仅仅习惯地考虑一个生物的需要——即便是一只蟋蟀的需要——不知不觉地，也可以产生出一种富于想象的乐趣，一种恋恋不舍的爱好。只有在这种关系割断了的时候，人才意识到。我深深感觉到，在夜深人静的时候，那个纤细的声音的魅力——它表明依赖着我的意愿和自私的乐趣者一个短暂的生命存在，如同依赖一个神明的恩惠——也告诉我在那小小的笼子里的灵魂，以及在我的身体内的灵魂，在无限的生命的深渊里永远是同一样的，并无高低之分……接着，想起那小小的生灵，夜复一夜，日复一日地既饥又渴，而同时它的守护者则在一心编织它的幻梦！……然而它是多么勇敢地一直唱到生命的结束呵——一个残酷的结局，因为它吃掉了自己的足部！……愿神灵宽恕我们全体——特别是女仆花子。

可是，对赋有歌唱才能的生物，因为饥饿而吃掉自己的足部，遭遇还不算最坏。人类中的蟋蟀为了歌唱而必须吃掉自己的心，也有的。

关于蟓蛉

鲁 迅

　　北京正是春末，也许我过于性急之故罢，觉着夏意了，于是突然记起故乡的细腰蜂。那时候大约是盛夏，青蝇密集在凉棚索子上，铁黑色的细腰蜂就在桑树间或墙角的蛛网左近往来飞行，有时衔一只小青虫去了，有时拉一个蜘蛛。青虫或蜘蛛先是抵抗着不肯去，但终于乏力，被衔着腾空而去了，坐了飞机似的。

　　老前辈们开导我，那细腰蜂就是书上所说的蜾蠃，纯雌无雄，必须捉蟓蛉去做继子的。她将小青虫封在窠里，自己在外面日日夜夜敲打着，祝道"像我像我"，经过若干日——我记不清了，大约七七四十九日罢——那青虫也就成为细腰蜂了，所以《诗经》里说："蟓蛉有子，蜾蠃负子。"蟓蛉就是桑上小青虫。蜘蛛呢？他们没有提。我记得有几个考据家曾经立过异说，以为她其实自能生卵；其捉青虫，乃是填在窠里，给孵化出来的幼蜂做食料的。但我所遇见的前辈们都不采用此说，还道是拉去做女儿。我们为存留天地间的美谈起见，倒不如这样好。当长夏无事，避暑林荫，瞥见二虫一拉一拒的时候，便如睹慈母教女，满怀好意，而青虫的宛转抗拒，则活像一个不识好歹的毛丫头。

　　但究竟是夷人可恶，偏要讲什么科学。科学虽然给我们许多惊奇，但也搅坏了我们许多好梦。自从法国的昆虫学大家法布尔（Fabre）①仔细观察之后，给幼蜂做食料的事可就证实了。而且，这细腰蜂不但是普通的凶手，还是一种很残忍的凶手，又是一个学识技术都极高明的解剖学家。她知道青虫的神经构造和作用，用了神奇的毒针，向那运动神经球上只一螫，它便麻痹为不死不活状态，这才在它身上生下蜂卵，封入窠中，青虫因为不死不活，所以不动，但也因为不活不死，所以不烂，直到她的子女孵化出来的时候，这食料还和被捕当日一样的新鲜。

三年前，我遇见神经过敏的俄国 E 君②，有一天他忽然发愁道，不知道将来的科学家，是否不至于发明一种奇妙的药品，将这注射在谁的身上，则这人即甘心永远去做服役和战争的机器了？那时我也就皱眉叹息，装作一齐发愁的模样，以示"所见略同"之意，殊不知我国的圣君，贤臣，圣贤，圣贤之徒，却早已有过这一种黄金世界的理想了。不是"唯辟作福，唯辟作威，唯辟玉食"么？不是"君子劳心，小人劳力"么？不是"治于人者食（音 sì）人，治人者食于人"么？可惜理论虽已卓然，而终于没有发明十全的好方法。要服从作威就须不活，要贡献玉食就须不死；要被治就须不活，要供养治人者又须不死。人类升为万物之灵，自然是可贺的，但没有了细腰蜂的毒针，却很使圣君，贤臣，圣贤，圣贤之徒，以至现在的阔人，学者，教育家觉得棘手。将来未可知，若已往，则治人者虽然尽力施行过各种麻痹术，也还不能十分奏效，与蜾蠃并驱争行。E 君的发愁，或者也不为无因罢。

但这种工作，也怕终于像古人那样，不能十分奏效的罢，因为这实在比细腰蜂所做的要难得多。她于青虫，只须不动，所以仅在运动神经球上一螫，即告成功。而我们的工作，却求其能运动，无知觉，该在知觉神经中枢，加以完全的麻醉的。但知觉一失，运动也就随之

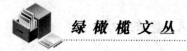

失却主宰，不能贡献玉食。

①法布尔（1823～1915），法国昆虫学家，著有《昆虫记》等。

②E君，指爱罗先珂（1889～1952）；俄国盲诗人，1921～1923 年间曾来中国，在北京大学等校任教。鲁迅曾译过他的《桃色的云》《爱罗先珂童话集》等。

春蚕赋

曹 石

春天来了。叶儿绿了。花儿开了。

我的上中学的女儿兴冲冲地跑进屋来："爸爸，您看，这是我们生物小组做的实验，过些天就能吐出丝来啦！"

啊，春蚕！一片桑叶上，附着一只黛绿色的、圆圆的、胖胖的幼虫。真是一只春蚕。

放眼窗外，柳绿花红，万物充满着生机。花丛中，蜜蜂飞舞；柳枝间，鸟儿欢唱；远处河边，传来了青蛙们那清脆的鼓乐……

这迷人的春天的大自然啊，古往今来，诗人们为你写下了多少动人的篇章！这里，我要赞美的却是这春天里活跃的一个细弱而贵重的生命——一只黛绿色的、圆圆的、胖胖的春蚕。

蚕这种生物是何时出现在地球上的，我无从知道。然而我可以告诉你，蚕，以它生命的结晶——那精美、闪亮的银丝，为我们人类造福，已经有近5000年的历史了！

在我们伟大祖国的古代，大地上桑树遍野，青枝绿叶之间，紫色的桑椹，散发着香气，那饱食终日的野蚕，摆头摆胸，悠闲地、缓慢地蠕动着……我们的祖先，在采集野果中发现，这些绿色的虫儿能够吐丝结茧，茧壳能拉出细细的长丝，丝又可以制作成丝绒。他们想，这丝绒要是做成衣服，要比麻纤维和葛草之类好得多。于是最早利用蚕丝的事业开始了。

先是利用野蚕。后来随着人们定居生活，野蚕开始在室内饲养，丝织技术也越来越进步了。1958 年，考古工作者在浙江省吴兴县一座新石器时代的遗址发掘到炭化了的丝绒、丝带和绢片。文物表明，最迟在公元前 16 世纪，蚕已经在我国广泛进行家养了。古书中描述商纣王的豪华生活时写到，纣王穿的是"锦衣"，宫中以"锦绣为席"，这就说明，早在殷商时期，丝织技术就已经发展到绫织阶段，可以织平纹、斜纹、花纹等各种样式了。

考古工作者发掘到的战国时期的"采桑图"，十分逼真地描绘了当时劳动妇女采桑养蚕的场面。这幅"采桑图"恰好可以用《诗经》中的一段诗文加以印证。这段古诗翻译成现代汉语是这样的：

春天里一片阳光，黄莺在歌唱。

妇女们提着箩筐，走在小路上。

去给蚕儿采摘嫩桑。

我国历史上桑蚕业发展的最盛时期是汉代。汉武帝时向西方开拓了著名的"丝绸之路"。这条路沿着昆仑山北坡西行，经中亚、西亚到罗马等国，成为我国连接各国人民的友好纽带。这条"丝绸之路"一直通行到唐代。今天它仍然是中国人民与各国人民通过贸易进行友好往来的一个古老见证。

中华民族是一个喜爱蚕的民族。自古以来，人们就对蚕有着特殊的感情。"春蚕到死丝方尽"，唐代诗人李商隐就是用这样的佳句来比喻爱情的坚贞。蚕儿吐丝至死而造福人类，它真可以称得上是一种忠诚的生物。你看它，吃的只是片片绿叶，给人类献出的却是晶亮闪光的丝；睡的是土炕、苇箔，给人类送来的却是秀丽、温暖的衣衫。它的一生只有 40 多天，却一刻也不停息地朝着一个目标努力：吐丝、结茧，牺牲自己，直到吐完最后一根丝，才停止了自己的奋斗。

如果给蚕的一生写份"简历"，那就会更加深刻地认识它的品格：蚕，刚从卵孵化出来时，很小，名叫"蚁蚕"，吃几天桑叶以后骤然长大，就开始睡眠。睡眠1天左右，蜕去旧皮换上新皮，又开始吃桑叶。这时候，蚕就是1周岁了。接着，蚕继续吃叶，长大，又要睡眠、蜕皮，这就是2周岁。这样连续4次，到第5岁时，它就不再吃桑叶，身体变得透明，准备吐丝了。吐丝完了，结茧自缚，便把自己的一切呈献给人类。

人们根据蚕的吃了睡、睡了吃的生活习性，把蚕比做出生不久的婴儿，亲切地叫它"蚕宝宝"。其实，蚕的睡眠并不是消极的休息，而是它在成长中进行自我更新的一种方式。

蚕的一生要进行4次蜕皮，蜕一次皮，成长一步，而每次蜕皮都是在睡眠中进行的。蚕睡眠时，体内并不平静。昆虫学家早已揭开了其中的奥秘。

原来，蚕的脑神经能分泌一种脑激素。脑激素又能使体内产生保幼激素和蜕皮激素。保幼激素的本领是使蚕蜕皮后仍然保持幼虫的面貌，抑制成虫特征的出现，使蚕保持青春年少；而蜕皮激素的功能是促使幼虫加速成熟。这两者相反相成，对立统一，推动着蚕的成长。当蚕到了5岁中期的时候，体内保幼激素的分泌基本停止，蜕皮激素的机能加强起来，蚕就很快成熟了。

蚕的5厘米长的身躯，是一座奇妙的"加工厂"。

蚕的食粮——桑叶当中，含有水、蛋白质、糖类、脂肪等成分。蚕吃进桑叶以后，经过消化分解，吸收桑叶中的蛋白质和糖类，造成绢丝蛋白质，绢丝蛋白质再形成绢丝液，绢丝液经过蚕的吐丝和凝固作用，就成了蚕丝。所以蚕丝既不同于麻纤维，也不同于毛纤维，而是一种生物蛋白质，它完全是由蚕的生命化成的。

1只在野外自然生长的蚕可以吐丝一二百米长，而现在经过人工驯养、选择的家蚕，1只就可以吐丝3000米以上。如果把1.4万只家蚕吐的丝连接起来，就能沿着赤道绕地球一圈儿！你看，这小小的蚕儿，难道不是我们这个世界上的一宝吗？

蚕儿只是在吃桑叶时发出沙沙的响声。此外，它的一生是温驯而默默无闻的。就是这默默无闻的小生物，给世界带来了绫、罗、绸、缎这些美好织物的原料。当你在每年春秋两季来到广州中国出口商品交易会的时候，看见那细致精巧、洁白晶莹、色彩缤纷，像春天花朵般的丝织品，你一定会为之惊叹，为之赞赏，可是你是否想到了我们的"蚕宝宝"呢？唐代大诗人李白有诗云："吴地桑叶绿，吴蚕已三眠。"我们可以想像：从绿油油的桑叶，到晶莹洁白的蚕丝，它们之间的"桥梁"，可不就是那为人类服务了近5000年之久的蚕儿吗？

阳光普照，春回大地。在这万物复苏的季节里，我赞美你，春蚕！赞美你崇高的品格，赞美你以自己的生命装扮了人类美好的生活。

蜜蜂赞

王敬东

在祖国大江南北，长城内外，春天在油菜花的海洋里，夏天在荷花池中，秋天在荞麦花间，都可以看到一群群小小的蜜蜂，在花丛中飞来飞去，忙着采蜜。

童年时代，我就爱上了这些昆虫世界的劳动者。这不仅是因为它们酿造了醇美香甜的蜂蜜，也不是因为它传播了花粉促使农作物获得好收成，最主要的，还是由于它那崇高的品格，可以给人以启示，给人以激动。

勤勤恳恳，兢兢业业，不怕脏累，不避风雨，不畏艰险，这就是蜜蜂的诚实劳动态度。每一点成就的获得，它都付出了极大的精力。蜜蜂每出去采集 1 次，至少得旅行 0.5～1 千米多的行程。在蜜源丰富的季节里，1 只蜂 1 天要出征 40 多次，每次约持续 10 分钟。在 1 分钟内能采 40 朵花，出征 1 次至少采 100 朵花。每朵花分泌的甜汁是非常微少的。1 只蜜蜂，1 天内仅能采得 0.5 克左右的花蜜。要酿成 1 千克蜜，就必须在 200 多万朵花上采集原料；要从蜂房和花丛之间往返飞翔 15 万趟。假设，蜂房到花丛的距离为 1.5 千米，那末，蜜蜂采 1 千克蜜，就得飞上 45 万千米，差不多等于绕地球赤道飞行 11 圈。

一点一滴的采集，一点一滴的加工积累，醇美香甜的蜂蜜真也来之不易。因此，我赞美百花甜蜜，更赞美蜜蜂的辛勤工作、善于积累的精神。

蜜蜂是过集体生活的昆虫，一窝蜂就好像一个家庭，有母蜂、雄蜂、工蜂3种成员。母蜂只有1只，称为蜂王，雄蜂有三四百只，它们担负着繁殖后代的神圣任务。一窝蜂中工蜂最多，有3万～7万只，它们是生殖器官已经退化的雌性蜂，不能生儿育女，然而，它们却担负了家庭的全部劳动。

让我们看看勤劳的工蜂的一生吧！

工蜂刚从卵里孵化出现，是一条白色的小蠕虫。在工蜂姐姐们保姆般的哺育下，6天以后，幼虫就像蚕宝宝一样吐丝结茧，变成蛹了。又过了12天，蛹从沉睡中醒来，把它狭窄的外壳扯破，从而变成了一只小蜜蜂。它稍稍装扮了一下自己，便踏上了劳动的征途。

小小的工蜂出房后的第3天，在它还不会飞翔的时候，就担当了清洁工和保姆的职务。它们用嘴把房间里的脏东西衔到外面去，并用花蜜和花粉做成的蜂粮去喂幼虫。第6天，当幼蜂的咽腺里能分泌白色的浆液——王浆以后，它又用王浆去喂母蜂和刚出壳的幼虫。它们还会酿蜜，帮助老年工蜂守卫蜂房。您看，小小的工蜂，是多么贤慧啊！怪不得人们说工蜂是最好的"厨师"和"保姆"呢！

第9天，工蜂们分泌蜂蜡，建筑巢房。蜜蜂的巢房，显示了工蜂的高超技艺。您看吧，棕褐色的精致的小蜂房，一层层，一排排，如同千层搂阁，既美观又整齐。工蜂盖房子用的材料，是从它肚子里的蜡腺分泌出来的蜡。蜡液一旦与空气接触，便凝结成鳞状蜡片。盖房子的时候，工蜂们你抓住我，我拉着你，一只钩一只接成一长串。然后，它们各自把蜡鳞从蜡腺上拔取下来，送到嘴里反复咀嚼，等到材料柔软合用的时候，便一点一点粘到要盖的房子的基础上。然后，它们用上下颚当作剪刀，把触角作为两角梳，不断地动着，抚摸着蜡壁，反复修整，完成了 6 角柱状体的蜂房。每间蜂房底边 3 个平面的钝角都是 70°32′，体积几乎都是 0.5 立方厘米。这种蜂窝结构已被科学家证实：它占有空间最小，而容量最大，用材料最省。航空工程师从蜂窝结构中得到了宝贵的启示，目前不少飞机、火箭都采用了蜂窝的这种结构。你能不惊叹工蜂是一位天才的"建筑师"吗？

第 14 天，工蜂就能飞出去吸水。

第 21 天，它们练成了飞翔本领，就成为真正的劳动者，挑起了整个劳动的重担。白天外出采蜜，夜晚带领幼蜂，把蜂房里的花蜜酿成蜜糖。

在百花盛开、蜜源丰富的季节里，工蜂当然是鼓足最大的干劲，愉快地从事劳动；但在花开得少，蜜源缺乏的季节，它们也没有因为自然条件的不好而灰心丧气，而是千方百计想尽办法，从一些昆虫身上，从一些叶子的蜜腺上吸取蜜汁，以补充蜜的不足。在风和日丽的环境里，工蜂当然是兴致勃勃地在花间往来劳动，但在回家途中，如果突然遇到天变，它们边飞边爬也要把采集到的花蜜送回巢中。工蜂对待困难，是多么机智，多么顽强啊！

工蜂对待劳动和困难的态度，诚然很可敬；但更为使我敬重的，还是它们那种全心全意为集体和爱憎分明的精神。一只工蜂在野外发现了蜜源，从来不占为己有，而是急急忙忙在花朵上，把腹部第 6 第 7 节之间的纳氏腺伸出来，释放出一种化学信息素——纳氏腺素，同时用力扇动翅膀，使其迅速扩散。附近的同伴，依靠触角上灵敏的感受细胞，嗅到了这种气味，就闻风而来，采到了花蜜的工蜂，飞回家去，在巢脾上跳起"圆舞"或"∞字摆尾舞"，用这种"舞蹈语言""招呼"家里的同伴赶快前去采蜜。你能不为这种无私的精神感动吗？作为蜂群中的劳动者——工蜂，不仅毫无保留地把全部劳动果实交给了集体，还分泌出营养最丰富的王浆喂养母蜂和幼虫，保证母蜂能大量产卵，幼虫能健壮地成长；而它们自己吃的，却是一般的花蜜和花粉。工蜂可以说是先蜂群之忧而忧，后蜂群之乐而乐了。工蜂不仅是出色的劳动者，而且是维护集体劳动果实的勇敢战士。每一窝蜂的门口都有几只工蜂把守着，这是它们设的"门警"。无论白天或是黑夜，它们都是那样尽责。除了在驱逐不速之客的时候，它们是从不离开自己的岗位的。只要你留心观察一下，就能发现这些门警的头很扁，身体是深褐色的，并且有着一条条纹路，身上金黄色的绒毛全消失了，原有的那种环状花纹也不见了。这就告诉我们：这些门警比别的蜂都显得年老，但很活跃。其实，它们就是这个家庭的创业者，现在的幼蜂的老姐姐。几天前，它们还年轻，那时候，它们修巢筑窝，清洁房舍，是天才的"建筑师"；它们辛勤采花，酿造甜蜜，是最能干的"化工工人"；它们哺育幼蜂，侍候母蜂，是最好的厨师和保姆。现在，它们年老体衰，无力远征百花丛中，然而，却正用着它们的有生之年，全力保护着这一家呢！每当遇到敌人侵犯，它们就奋不顾身，拼上老命一针刺到敌人身上，尽管它们的螯针和毒囊会随着这一螯而离开了身体，从而丧失了生命，可是它们从来没有屈服过。工蜂的一生，确实是做到"鞠躬尽瘁，死而后已"了。

我爱蜜蜂的风格，还爱它那一丝不苟、孜孜以求的工作精神。原料的采集已经如此艰辛，然而，由花蜜酿成香甜的蜂蜜，还要经过一段相当复杂的加工过程哩。工蜂的蜜胃里装满了甜汁，这还不能算为蜜，而是酿蜜的原料。它们回到家里，把甜汁吐给在巢内工作的幼蜂，或者选一适当的空蜂房把甜汁吐在里面。到了晚上，负责酿蜜的幼年工蜂，将这些甜汁吸到自己蜜胃里，过一会就吐出，再由另一只工蜂把蜜汁吸进自己蜜胃里。就这样相互交舌吞吐，要达到100～240次，变成既香又甜的蜜糖，这才是真正的蜜哩。为了风干蜜汁，又要经过长时间地不停息地扇动它的双翅。这需要怎样一丝不苟的工作精神啊！真是"蜜不精良誓不休"。

更可爱的，工蜂如此勤恳地工作，如此严格地要求自己，不是为了别的，而是一心一意为社会造福。蜜蜂给予人们的是十分精良的东西，且不说王浆、蜂毒、蜂胶、蜂蜡之大有用途，仅是蜂蜜，一窝蜂一年就可以收获 50～100 千克哩！据科学家分析，蜂蜜中含有单糖、维生素、激素等 60 多种成分，有的可以不经消化，直接被身体吸收，蜂蜜中还含有抗菌素，杀菌能力很强，可以治疗消化性溃疡、慢性便秘、高血压、心脏病、关节炎等病症。《神农本草经》上说，久服蜂蜜可以"强志轻身，延年益寿"。蜜蜂贡献于社会的是这样美好的甜蜜，而它们需要人们帮助的，只是一个简单的木箱和殷勤的关照而已；蜜蜂决不苛求于人，但它助人却又是那样诚恳。访花采蜜，您以为它是沾了花儿的光吗？不，它是满情激情地做了"月下老人"，助花儿"子孙满堂"啊！根据实验证明，各种异花授粉的作物，经过蜜蜂传粉后，均可以大幅度地提高产量。向日葵可增产 40%，棉花可增产 12%，油菜可增产 30%，果树可增产 50%，荞麦可增产 40%，大豆可增产 11%，增产幅度最大的是西瓜，可增产 170%。"造福甚厚，求人微薄"，这是对蜜蜂品格的集中概括。

在蜜源丰富的季节里，一只工蜂只能生活 30～50 天，而生在工作较少的秋天或冬天，也只能生活 3～6 个月。一生勤勤恳恳采花酿蜜，最后默默无闻地死去……

辛勤而踏实地进行劳动，机智而顽强地克服困难，全心全意地维护集体，宁死不屈地对待敌人，这就是蜜蜂为我们酿造的醇美的精神之蜜！

祝蜣螂南行

黎先耀

蜣螂者，俗称屎壳郎也。现在居然为这种被人们讨厌的"逐臭之夫"祝福，未免使人发笑。

可是，让屎壳郎照镜子——臭美，始作俑者，是被人称为昆虫诗人的法国科学家法布尔。他的名著《昆虫记》，开卷首篇赞颂的就是蜣螂，称它们为清道工。因为蜣螂逐臭，就是为我们除污。蜣螂扁阔的头前，一排钉耙似的硬角，用来掘割粪土。它带锯齿的前腿像是扫帚，用来收集粪土，放在长着尖爪的后腿间，搓转成丸，然后推回地下巢穴，储作食物。

蜣螂推着比它们身体大得多的粪球前进，从不避陡坡险沟，常常快推到坡顶，又连球一齐滚下来。一只蜣螂推不动，就两只合作，一前一后，齐心协力推，不达目的，决不罢休。因此，有一种蜣螂，生物学家给它取名为希腊神话中被罚推巨石上山的"西赛福斯"。我国民间也曾称蜣螂为"推车客"。

据说古代埃及人认为蜣螂搓推粪球，有如运转天上的星球，所以称它为"神圣的甲虫"。古代也有说蜣螂坏话的，如希腊的伊索就写过一篇叫《蚂蚁与蜣螂》的寓言，把蜣螂讥讽为不爱劳动的乞食者，但那是"不实之词"。我国古代本草中记载：蜣螂，甚至蜣螂转丸，都能入药，可治不少内外科的疾病。所以，屎壳郎确非害人虫，不能顾名掩鼻。

我们现在要为蜣螂祝福，是因为今年我国长江流域的一种"神农蜣螂"，应澳大利亚有关科研机构的"邀请"，离别故土，远渡重洋，到澳大利亚东南部湿热地区去安家落户。澳大利亚现在有几千万头牛，每天排出的几亿堆牛粪，要覆盖成百万英亩的草场；牛粪还滋生蝇类，更是害上加害。从中国请去的蜣螂的任务，就是去帮助清扫那里广阔的大牧场。

澳大利亚难道没有蜣螂？有是有的，但是本地的蜣螂只爱吃袋鼠粪，对牛粪不合胃口，不愿问津。这就像牛虻爱吮牛血，狗蝇只叮狗身一样，是昆虫在长期进化过程中形成的一种适应生活的本能。

澳大利亚为什么没有以牛粪作食料的蜣螂？这有地质历史和生物进化两方面的原因。澳大利亚位于太平洋西南部和印度洋之间，可是在古老的地质年代，它是与其他大陆相连的，到了一亿多年前的白垩纪，由于地壳运动和大陆漂移，澳大利亚才与亚洲大陆脱离，后来又与南极洲分开。那时候，地球上生物进化的历程还处于哺乳动物的早期阶段，才出现一些原始的兽类。由于长期地理隔离，动物种类又单纯，澳大利亚一方面成了鸭嘴兽和袋鼠一些低等哺乳动物的乐园，另一方面也限制了哺乳动物在当地环境中继续向前进化。现在澳大利亚陆地生活的一些有胎盘类动物，如马、牛、羊、猫、犬、豕，甚至包括鼠类，都是十八九世纪人类从欧、亚等其他大陆带去的。牛是带去了，但清除牛粪的蜣螂却没有带去。因此，澳大利亚现在缺乏以牛粪作食料的蜣螂。

达尔文等人曾举出"猫—田鼠—野蜂—三叶草—牛"的食物链的有名例子，揭示了当时英国畜猫有利于养牛的错综复杂的联系。同样的道理，澳大利亚引进我国产牛地区蜣螂，如果繁殖成功，对于当地

畜牧业的发展将是有益的。

我国的牧民中有句谚语："鹰眼、鹿腿、屎壳郎的鼻子"，用来称赞草原上有些动物的某种器官特别灵敏。蜣螂的嗅觉确是非常敏锐，无论哪里有了人畜粪，不怕关山阻挡，它们很快就会闻风而至。中澳相距万里，又远隔重洋，蜣螂的鼻子虽灵，想过去也只好望洋兴叹。现在，中澳之间架起了友谊的桥梁，天涯咫尺，地理隔绝的鸿沟已经消失。今天，在澳洲袋鼠出没，牛羊遍野的美丽富饶的草原上，从我国引进的油亮壮实的黑甲虫们，正在那里勤奋地打扫牧场哩。

让我们祝蜣螂们成功吧！

贺彩蝶婚礼

梁秀荣

田汉同志写的话剧《关汉卿》插曲《蝶双飞》里有这样几句唱词："待来年遍地杜鹃红，看风前汉卿四姐双飞蝶。相永好，不言别！"

我国文学艺术中，常以蝴蝶双飞象征爱情。不久前，人们在北京自然博物馆举行的"中国蝴蝶展览"会上，看到了关于蝴蝶生活奥秘的介绍，才知道蝴蝶在空中双双追逐，并不都是情投意合，举行婚礼；不少场合，却是雌蝶在摆脱雄蝶的纠缠哩！

自然界中，蝴蝶不但雄倍于雌，而且雄蝶羽化较早，常常乘雌蝶刚蜕蛹而出，粉翅未干，就飞来寻找伴侣。这时，已婚的雌蝶，就会采取不同的方式来对待求偶者。如在飞翔中突然自空降落，或在栖息时腹部高高翘起，拒绝第二次交尾。这样看来，用韩凭夫妇和梁祝情侣化蝶的故事，来歌咏忠贞的爱情，不也还是蛮贴切的吗？当然，那是浪漫的文学比喻。而蝴蝶这种微妙的生态，只是在长期演化过程中，所形成的一种有利于种族繁衍的自然适应而已。

台湾雾社地方出产的一种"翠灰蝶"，雄蝶喜欢躲藏在山间的隘口，拦截过路的同类雌蝶，以求配偶。这样有趣的行为，颇有点类似人类原始社会抢亲遗风了。这种翠灰蝶有"领域性"，雄蝶各据山头，不容侵犯。一次"抢亲"不成，又飞回原地，伺机再来。

还有几种蝴蝶交尾后，据说由于雄蝶在雌蝶尾部分泌一种物质，形成已婚雌蝶的"臀袋"，使得无法再次交配，那真有点像传说奴隶主所使用的"贞操锁"了。

人们认识和掌握了蝴蝶交配和繁殖的生态规律，对为害农林生产的蝶类，如菜粉蝶、稻弄蝶和柑橘凤蝶等，就可加以扑灭和控制；对既能传播花粉，又能美化人们生活的蝶类，它们有益无害，或害小益大，就可以加以保护和培养。台湾就有人专门经营饲养珍贵蝶类的"蝴蝶牧场"！

有次美术作品展览会上，曾展出了一幅以唐代"花际徘徊双蛱蝶，池边顾步两鸳鸯"诗句为题的工笔彩绘国画。画面上，除了芦苇间一对戏水的鸳鸯，还有一双紫蝶在荼蘼架上迎风飞舞。一位昆虫学家看后，风趣地说："以艺术的眼光来看，这样可能很美；但是两只蝴蝶却都是雄的，未免有同性恋爱之嫌了！"蝴蝶的鳞翅，好像鸟类的羽翼，雌雄的斑纹、色彩，甚至形态，都有明显的区别，一般雄的要比雌的绚丽多姿，艺术的浪漫主义，当然也以不违反科学的真实为好。

在展览柜里，人们还能见识到半身红装，半身素裹的"阴阳蝶"。那是由于蝴蝶的性染色体发生变异，而产生的半边翅膀呈雄性特征，另半边翅膀呈雌性特征的"嵌合体"蝴蝶。这种奇特的"中性"蝴蝶，在自然界中是难得的。人们捉一万只蝴蝶，也不准能碰到一只。因此，不仅蝴蝶收藏家视为珍宝；同时，在科学上也有研究价值。

蝴蝶是美好青春的象征。它们能唤起人们反抗迫害、追求幸福的力量。记得我年轻时写过这样一首短诗：

贞节坊像一副骸骨立在路旁，

它身上的枯藤还没有舒开绿眼。
谁家少女的青春换得了这座碑石？
一对寻春的蝴蝶匆匆飞过，
没有在它身上停留……

萤火虫河

[美] 艾温·威·蒂尔

回想我们一路之字形地跨过那条河，顺当走下这片广大沼泽地方的几天，我们曾听到各种各样的声音——有些声音细得像流水流过一条拖在地上的葡萄蔓那么"嘶嘶"作声，有些却像一只红头啄木鸟攀在河边一根枯树桩上那么"夸夸"作响。可是记得最清晰的回忆，还是有关视觉而不是声音，是晚上而非白天的事件。那是静寂、黑暗和游移不定，闪闪发光的萤火虫的不可思议的演出的回忆。

在我们整个夏天漫游期间，我们在许多地方都碰见这种有翅灯笼的舞蹈。不过我们在任何其他地方，我们一辈子在任何其他地方，都没见过在康喀基河一带这么多的萤火虫。这条黑暗的河流，在我们心目的，将永远是条萤火虫河。

动物界有40多个目，其中有两个目拥有发光能力，最著名的是萤火虫。世界上这种发光的甲虫，共有2000多种。它们大部分住在热带。美国大约有50种。在北美，它们最活跃的时期通常是在6月下旬和7月初。就是在这时候，它们忽明忽灭光亮的星系，在黑暗中画上无数的发光线条，在草地和沼泽上空飞过，形成夏天奇观之一。

后来我们又走过这片田野。天空的粉红色晚霞已经褪淡，黄昏的深紫色没入夜晚的天鹅绒黑色。鸣禽停歇。千风的滚滚浪涛现时在黑暗中伸展开去。白天的美不见了。但夜晚的美替代了它。因为从这头到那头，田野里闪耀着一闪一闪的、跳跃的光。它们忽起忽落，它们忽明忽灭。它们亮了又暗了。就在这同一时刻，在我们四周围的几百里地上，这种小萤火虫玲珑美丽舞蹈的怪异美，是夏夜的一部分。

我们走过这片田野以后许久，我们沿路都见到萤火虫熠熠生光。我们转弯，经过黑暗的牛棚，走过寂寞的农舍，那里有灯光的窗帘上有蛾在飞舞。不论我们到什么地方，我们局围总有点点流萤。我们看到它们在路边草木上，在谷物田里，在枫荫的黑暗里，在接骨木浆果矮灌木依稀可辨的、朦胧白色中忽明忽灭。它们像一种不绝的流星雨飘到我们后面去。在我们前面，汽车的两条光柱暴露了它们成群的形态，它们的光给眩光夺去了。

我们时时停下车子，熄了车头灯，静静地坐着，给周围的景色迷住了。有棵树从上至下都挂满了这种萤火虫灯，树的浅黑轮廓点缀着成百盏移动灯光。在那树的那边，在一带低地上，有排枯死多时的柳树，在熠熠的萤光下，从黑暗里爬出来许多奇形怪状的弯曲的大枝。

我们四周的萤火舞蹈，是大自然永远使用我们认为美的东西，来达成它目的的一部分。鸟的羽毛和鸣声的美，花瓣的美丽颜色和芳香，这许多流动的火星之美，都在生物种类的生殖上发生重要作用。在黑暗中，雄的萤火虫用一暗一亮的光的讯号，来找它的配偶。各种萤火虫的小灯，光度从一支烛光的五十分之一，到一支烛光的一千六百分之一不等。通常它发出的光是青黄色。它也可能从深蓝绿色到夺目的灯红色或金红色不一。空气温度越高，间歇的闪亮次数越频。W.V.包尔特夫的实验报告指出，一种美国萤火虫在华氏寒暑表66.9度时，平均1分钟闪亮8.1次。到寒暑表升至83.8度时，它的闪光速度差不多快上一倍——1分钟是15.4次。

雌萤火虫的光通常较小、较暗，雄的要补偿这种不足，所以有较大的眼睛。美国的一种普通萤火虫 Photinus pyralis，它们的眼睛能够看到任何昆虫所勿及的最长波长。引导雄萤火虫到雌的那面去的闪光次数必须重复，次数可以有很大的不同。在实验室中以一种美国萤火虫实验，科学家发现闪光次数在 5 次与 10 次之间。

光都是从腹部的后部产生的。这里的外皮，半透明而无色素，形成一个窗户。外皮下有一层发光细胞，再往里是一层反映物细胞。第一层有种叫做海萤发光质，一种细生成物，是和一种叫做萤光酵素接触后燃烧的，造成了科学至今未能达到的——冷光。萤火虫使用的能至少有 98％是变成光的。对比起来，寻常的电灯泡要将它 70％的能，浪费在热上。萤火虫光产生的热微小，推算起来要体形最大的那种萤火虫 8 万多只，才能比得上一朵小烛火的热量。

这种昆虫的神经系统控制住发光细胞的氧供应，将光随意开关。不同种类的萤火虫，使用着不同形式的闪光——1 种不同的光电码。有时候，像我们在密西根所见的，萤光在空中浮动或发出闪光。当我们在威斯康辛州北部观察时，它们是顺次亮了和熄了，闪烁或者若隐若现的。再往北一点，在明尼苏达州，它们似乎离地几尺在浮动，飘荡。在这里康喀基一带，主要的动作是上升。这些小灯火，像是绿色闪光，一路上升至消失不见。光的颜色、强度和长短、闪光与闪光之间的间隔和依次的闪光次数，这许多都是某一种萤火虫所用讯号的区别。每种萤火虫都是收听它自己一种编造的讯号。就 Photinus pyralis 来说，雌的闪光必定依照雄的闪光，每一次间歇的讯号的答复，差不多是同样的时间——两秒钟。

大自然的律动是变化无穷的。著名的林尼阿斯的花钟，可以使科学家只要从窗口瞭望，看哪种植物开花，便能知道白天中的时间。一如花在白天的不同时间展开花瓣，许多种鸟也可以预先知道每天在什么时间，开始和停止它们的歌唱。不同的蚊虫在晚上特定的时间吸血。

密苏里昆虫学者菲尔·劳，发现美洲的大丝蛾，如银蛾，大蚕虫和蚕蛾，在黑暗时候的特殊时间内最为活跃。不同种类的萤火虫，也是在日落后不同时间开始闪光的。每一种从它白天藏匿的草木下出现，等夜色达到某种深度时，开始它的晚上表演。一夜又一夜，渐深的夜色到了这个各自规定的时间时，这一种萤火虫闪光表演便开始了，有一次，暴风雨的黑云提早了黄昏的来临，我们看到萤火虫的灯光以一个更早的时间出现，天色黑暗程度引起了它提早表现。

途中我们到了一大片牧场，有条小溪蜿蜒流过这片地方。成千成万的萤火虫，它们模糊一片的流动闪光，照亮了黑暗，使这条小溪在萤光下美丽得出奇。它们闪亮，又回复黑暗，再是闪亮，可以看到的次数不断变化。时常有一道闪耀的光波会远远卷过牧场，仿佛所有萤火虫同时开亮了它们的灯火。然后再是开始它们杂乱的闪光。

我们在伊利诺州州界近旁，在湖村和那美丽的康喀基州立公园暨森林附近，第二次看到黑夜笼罩着那排干了水的沼泽的旷野。这里，我们又一次在小小灯火的一次狂欢中，徘徊了几小时。我们四周的萤火虫数目，可能比我们昨晚见到的更多。隔了一星期光景，往北400千米处，在威斯康辛州多尔半岛的鳟鱼湾上，我和一位在同一晚绕行密执安湖南端的卡车司机攀谈。他说，在整个印第安北部，他都是在一片萤火光中驰过。以前他从没见过那么多的萤火虫。它们停在他的风挡上，弄到整块玻璃好像起了荧荧碧焰。

那晚不论我们向什么地方看，这种甲虫的光，都是从暗黑的草术中向上飘起。汤玛斯·罗维尔·贝多士1824年在意大利米兰附近见到这种情景后，写信到英国的家里说，在他看来，"仿佛地球的迅速旋转，将黑色的大气擦出了火；仿佛风在赶动这具行星磨石，从磨石边上迸出这种瞬息间的火花来。"

经过入夜最初几小时以后，萤火虫的狂热似乎减退了。它们的数目已经减少。黑暗中每一对成功的交配，掩盖了雌的火光，从众多数目中减少了一盏。它们的受了精的卵子排在地中或地上，往往是在苔藓或是喜欢潮湿植物的地方。在这许多地方发育中的幼虫，有时甚至会在它们孵化以前便发出光来。还没有长成的萤火虫便是食肉的动物，它们用锐利的、镰刀形状的嘴巴，捕食蜗牛、蛞蝓和蚯蚓，往往将一种发生麻痹作用的流质，注入比自己更大的生物体内，将它们征服。许多种美国萤火虫的幼虫生活，长达两年多的时间，像凯莱斯岛上的蜉蝣一样，康喀基的萤火虫也已面临它们的末日。它们也是以一次空中跳舞来完成它们的生命。一般认为大多数成年的萤火虫，是完全不吃东西的。在它们的灯光舞蹈中，每一代都快走到生命尽头了。

　　我们就是在这样奇异的夜晚，走到我们所能找到的惟一宿处。即美国 41 号公路，南北卡车运输大动脉旁边的一间闷热房间。当我躺在床上无法入睡的时候，我的脑子里不断念着印第安人奥吉布威族旧时的赞美歌："白火虫儿飞飞！小火虫儿晃晃！小星在我床边飘荡！在我梦中织成许多星光！"最后我们朦胧欲睡时，我并不怀疑这个记忆会在我们的睡眠中，织成这许多小星，我们见到的繁星似的萤火虫的影像。

（唐锡如　译）

昆虫的母爱

朱 洗

一般昆虫的母爱——直翅类，如蝗虫、蚱蜢等，母体在生产以前，自知产期将近，预先选好适当的产卵地点：一则，使后代得到相当的保护，勿为敌物或寒冻所残害；二则，使藏卵的地域与其幼虫的食物相接近，勿使子女有饥饿的危险。食害稻苗的蝗虫和蚱蜢惯常在稻根或田旁的泥土中，凿穴以藏其卵。这些母体除选择产卵地点以外，再不爱护其子女。事实上这些母体本身的寿命非常短促——死于子体未出世之前，不能亲视子体一面。

双翅类，如蚊、蝇等；鳞翅类，如蛾、蝶等，母体交尾之后，立即寻觅适宜的产卵场所。例如母蚊之卵必须产于秽水之中，母蝇之卵必产于秽物之内，母蝶之卵必产于幼虫可食的植物上，衣蛾的卵必产于毛织衣服之中，蜡蛾的卵必产于蜜蜡之内，都有同一的理由。亦有若干蛾类在产卵时候，必须先蜕下自己身上一部分鳞毛，使其附于卵团之周围，作为护卵的利器，以掩敌目。但究其实际，这只是因为母蛾产卵时，尾部过分摇动的结果；母体是否有意如此，当难论断。

多种专门过掠夺生活的膜翅类，如猎蜂等，母体常在产卵以前，先为后代准备好一个由泥土筑成的巢穴。穴成之后，它再去寻觅适当的昆虫，向它刺以毒针，使它麻木不能走动，但不致立时死火——只令其在如醉如梦的情境之下，静候它的幼虫出卵，可以就近取食充饥。这样的俘虏，就是生母赐给儿女的活干粮。待到巢穴筑就，干粮充实，母蜂即产卵一枚于其上，然后封其穴口，飘翔而去。去后再不返回，这便是永别了。瘿蜂依靠其尾部伸长之产卵器，将卵注入植物的幼芽或嫩叶中，使幼虫能寄生于植物的组织中生活。结果，这部分组织便特别肿胀而成虫瘿。

一般鞘翅类只将自己的卵产于适当的场所——或朽木、或土穴中，有利于其后代的发育，就算尽了为母者的天职。但亦有少数物种特别注意其子体之安危幸福的。例如埋尸虫为其后代所作的苦工乃是最能引人注意的。这原是一些身体巨大、体被坚甲，适于劳苦的昆虫。将近生产时期，母体必先寻求死老鼠或死鸟之类，作为产卵的场所，觅得之后，又约许多朋友相助，完成此重大的工程。先以群策群力，将这尸体拖到泥土疏松的场所，然后埋入地下，再让临产的雌体产卵于其中，余友见目的已达，各自分散，并不要求任何一点报酬。这是义务，这是互助的好例证。

有的胭脂虫必待垂死的时候才将卵产出，母即覆其遗骸于卵团之上，显然有保护后代的作用。竟有人说过：这类母体因为爱子心切，愿将自己的骸体作为保护子女的城墙，使有安全的保障。另外有的学者则认为母虫体小卵多，生产到了最后，体力消耗殆尽，自己无力移动位置，故只有烂在卵上，这是毫无目的的举动。

半翅类的母爱似乎比较高超；研究的人亦较众多，亦较详尽。这就是那些惯常以长吻吮吸植物汁液，而常能发生臭气的昆虫。它们的体躯轻灵；前翅基部变为硬鞘，后部仍属膜质，故有半翅类之名。椿象是其中最常见的代表。瑞典自然科学家摩得爱最初记述一种半翅类，6月里在桦木上生产40～50枚卵之后，遂留在卵边用心看护，以免雄虫侵害其后代。续后，又有得该尔和菩瓦得的研究证明以上的观察。他们还说道：在表面上看来，这仿佛不能使人相信；其实，在下雨的时候，母体还能率领已经出卵的子体，行至树叶之下，或两叶之间避雨。这慈母再以两翅遮蔽儿女之上。

但是著名的昆虫习性学大家法布尔却怀疑上面的事实；他自己在相邻的物种上，并没有看到这类稀罕的母爱。我本人于 1945 年 6 月 23 日在琳山农校果园里观察到一种惯常生活在梨叶上的椿象产卵 12 枚，卵形如小米，排列齐整成一圆形而平铺的卵团。小动物破上端卵盖而出，一一伏于卵团之四周，不食不动，触角亦收起，非经逼迫，不能走动。约停两三日各自四散。当时并没有看见母体在旁瞧顾。这些事实虽不一致，但也不能推翻上面的结论，因为昆虫爱子的方式，并没有形态那样固定不移，有时某一种昆虫极诚爱护其子体，但是他的邻种全无此类习性，不足为怪。

我们且看彼尔牧师的记述，一切都能冰释，他写道："1900 年 6 月 5 日在维尔纳佛的公园旁边的小林中，我看到许多桦木叶下面各有枫蚁，他们各个伏于自己扁圆形的卵团上。我当时触动它，推动它，而它们各自都牢牢地抓住——即使稍稍摇动其触角，但身体仍然一点也不移动。我当时摘了 6 瓣这样的叶子带回家中。有的放在封闭的盒子里，有的随便放在桌上。这些卵团的颜色各有深浅的不同，可知他们的发育前进的程度并不一样。6 月 12 日，有一枫蚁死于叶旁，无疑的是因为前几小时，她的子体已经出卵，她便离开原来地点。这时候，她发散出恶臭。这臭气我们是知道的。同日，我有意移动一只正在孵卵的母体，但终于没有使她翻过方向。同日，又另有一母体自动离开卵团，因为这些卵中的幼虫在数小时以前脱离卵壳而他去。这母体不久死于房之一隅。6 月 14 日尚有两个母体在原来的位置上，肃静地守着，然后它们的卵方孵化成幼虫。6 月 17 日～18 日两日中间，有一母体离开它的幼儿，自己在盒子里散步，但已无生气了，我当时故意要移动另一个，然它仍固着在卵上——还固着得很牢的！它们都死于23日。"

但另外有人做过实验，他将肃静守于卵团上的椿象取去，而移至别类昆虫的卵团上。它亦能安静如初；它仿佛不能辨别自己的卵和他物的卵！

同样的守卵动作又能见之于别类昆虫中。蝼蛄在温暖干燥的日子，能将它的巢窠搬到泥土的表面上，使其胎儿得以接受和煦的阳光。遇到寒冷潮湿的日子，它便迁居到较深较大的地穴中，以避寒冻。雌螳螂不但能守卵，而且还能侍候它的幼儿。琉伊斯曾看到一种锯蜂在塔斯马尼亚岛上生长的桉树叶上，产下 30 个左右的卵。这母体留在卵旁，等候子女孵出，再伸展其长脚，遮蔽其新生的子体，而不使为阳光和其他寄生物所侵害。

社会生活昆虫的母爱——合群生活的昆虫常以分工的方法，养育其后代；有的专作生娘；有的专作保姆。前者专门生殖，不事养育之劳，后者专事养育别个所生的子女，自己根本不能生殖。我们只愿陈述两类最卓著的社会生活的昆虫。这便是蜜蜂和蚂蚁。它们都符合于社会生活。在它们的社会里，不但有职业上的分工，而且还有生理上的分工。

蜜蜂是谁都熟识的，属于膜翅类。我们上文所述的猎蜂，先为子体预备好及时可以充饥的俘虏。这是何种惊奇骇异的举动呀！无怪有的学者，一味赞美它们，说它们知道防患于未形，保治于未然，俾子孙得以繁荣，俾种族得以永垂！

但在大社会生活的蜜蜂群体中，只有一个正式的雌蜂，专事产卵。在春夏暖季，它每日能产卵数百到数千之多。蜜蜂幼虫身体异常柔弱，长期躲在蜂房之内，全靠保姆养育。这些保姆只是一些卵巢退化不能生产的雌蜂。它们一生的职责仿佛已经注定是为养育后代似的。它们的形状和结构固与平常采花酿蜜、终日飞奔的职蜂完全一样，但在职业上，倒有不同：前者做的是内务，后者是外勤。

这些保姆性情温和，维慎维谨地守住巢窠，看护房内的幼虫。它一觉天气稍稍变寒冷，即群集于幼虫房口以外，似乎有意保持温暖，勿使幼虫伤风。它们很懂养育的方法。它们能根据幼虫的年龄而哺以各种不同的食物。对于方出卵的幼虫，它专给以纯蜜，并且还要配合适当分量的水分，使之稀薄，以便容易消化，容易吸收。待年稍长，则哺以耐饥的食物，这便是蜜与花粉的混合物。最后，待到长大，便只有供给花粉了。以上这些幼儿的食料统是由外勤的职蜂积蓄在蜂房里，候保姆们自由配给的。待到幼虫身体长足，准备化蛹的时候：这些保姆知道它们必须经过若干时间不食不动的休眠生活——蛹期生活，故将它们的房口一一用蜡封起，以免意外。待到蛹期过后，幼蜂羽化成虫的时候，保姆又知啮除封口的蜡膜，使能外出。方出围房的新蜂还需要保姆给它们打扫身体并给予蜜汁，俾能增进体力。以上是对于一般职蜂和雄蜂的看护法。至于后蜂（蜂皇），它的幼虫产生于特制、特大的房中。保姆们特别看待，专门给予最优美的食物——普通花粉，已不入口。无怪有人说：雌蜂所以异于一般职蜂，就是因为它在幼虫时代，食物特别佳良的结果。

胡蜂的巢窠相当复杂，生活习性与蜜蜂相若。胡蜂筑巢于泥土之下，以为生产育儿之用。

在蚂蚁的大社会中，雌体不只一个，却有一个以上，到相当数目，它们分担传宗接代的责任。至于专门的保姆制，则与蜜蜂里所见的大致相同。母体将卵产子之后，即由保姆将它们移到特别室中，使它们孵化。由卵孵出之幼虫，体极微弱，无眼无足，既盲又蠢，只能开着大口，时时想接收食物而已。保姆见此嗷嗷待哺的情景，便发其慈育天性，不辞劳悴，以口喂以适当的食物，幼虫便渐渐长大了。不久，幼虫即能作茧自缚，并在这自制的囚牢之内，蜕皮成蛹，不食不动，这便是一般俗人所称的蚁卵——实即内藏蚁蛹的蚁茧。待到这蛹将要羽化成虫时候，保姆自动以口咬扯茧子，姿势极其谨慎，将子体细细释出，便成为社会中的新分子。为了这些儿女——不是亲生的儿女，保姆们的确是煞费苦心地劬劳的。在这样悠久的发育场中，除按时喂哺以外，每逢气候稍有变化，保姆的工作立即加倍繁重。若遇有了太阳的好天气，它们将蛹搬上地面，使子体获得温暖，而加速其羽化。若逢下雨，又恐湿气太盛，有伤后代的健康，赶速将幼体搬到高燥的场所。寒风降临，又需加意保护，以防得病。所以蚂蚁的巢穴中，有各种深浅不同的等级，逢热上迁，逢冷下降。测其用意，无非要使它们的子体在适当的温度之下好好地完成其发育之全程；在可能的范围以内，勿使有意外的损失。幼蚁产出之后，还需保姆们给予相当的教育：带其出巢学步，教其辨方向认道路，使之成为社会中有用的一员。倘使没有这样矢诚、矢志，爱而勿舍，教而不倦的保姆，则雌蚁每年产卵虽多，将无一枚能达长大成虫的。这些保姆自身虽不生殖，但是它们对于社会所尽的责任，实不亚于真正的生母。

雄蜂和雄蚁毫不爱护子体。它们的责任只是媾精。

昆虫的绝招

朱晓林

　　大千世界真是无奇不有，拟态、拟势和拟死，主要是有些昆虫遇到危险时，使出的"绝招"。

　　拟态是指某些昆虫的外表形状或色泽斑与其他生物或非生物异常相似的现象，是生物适应环境的典型例子。昆虫拟态的实例，除大家较熟悉的竹节虫、枯叶蝶等，还可举出很多，如海神弄蝶的卵看上去就像一丛草根；有些凤蝶的卵虫看起来完全像一团鸟粪；食蚜蝇可以吸花蜜，飞起来可以在空中停住身体，简直与蜜蜂相差无几；天鹅绒长吻虻身上有毛，颜色与习惯都很像蜜蜂，并可以用长长的吻吸食花蜜。其他生物也有类似绝招，如海葵和海百合外形酷似植物，借此捕食；拟态革豚幼鱼体细长，当它头向下，鳍活动时细长的身体配合波动的鳍以及蓝绿色斑纹，颇似海藻；杜鹃的卵产在苇莺的巢中，与苇莺的卵十分相似；西藏野牛的外形远处看上去就像岩石一样。植物的典型拟态，除蜂兰外，还有非洲的"石头植物"——整株植物与石块或鹅卵石相似。特别是在干旱季节几乎无法将其与石块区分开来。印尼苏门答腊的一种植物是腐尸拟态的典型实例。它的花具有似肉的颜色，放出腐肉的气味，吸引苍蝇落在上面为其传粉，雌蝇甚至会把卵产在上面。

拟势是某些昆虫受惊扰或袭击时，显示异常的姿态或色泽，威吓其他动物的一种现象。它是动物所具有的一种较为主动的防御行为。例如丹娥的幼虫（也称龙虾虫）遇敌时胀大身体，头尾翘高，作张牙舞爪状，看来似乎很可怕的，往往吓退敌人；某些凤蝶的幼虫在受惊扰时，头部突然伸出肉角，装出凶相，使来敌望而却步；中华螳螂遇敌时，则显示威胁姿态，双翅展开并向上翘起，使它的身体看来好像很大，以此吓退敌人；中美洲的一种玉米大蚕蛾平时停在树上，前翅向后平伏，掩盖后翅，前翅的颜色酷似树皮，但假如小鸟惊动了它，它就突然展开前翅，露出后翅一对猫头鹰眼形的花纹，把小鸟吓飞。

拟死就是装死，是指昆虫受惊扰时，静伏不动或跌落地面而呈"死亡"拟态，借以避敌的现象，某些蜘蛛、甲虫等都有这种习性。

尽管拟态、拟势和拟死各不相同，但它们都是生物适应环境的表现，是长期自然选择的结果，因此一种昆虫可能同时具有拟态和拟势（或拟死）的现象。例如南美天蛾的幼虫静止时用后足吊挂起来，丝毫不差地模仿生长着地衣的树枝，但当它受到惊扰时，它的身体便高高地提起和发生弯曲，而且把暗橄榄色的腹面转向天敌，胸部有力地向两侧膨胀，胸足紧贴胸部，在胸部的第四节上呈现两个黑色的眼斑，很像小蛇的头部和颈部，再加上身体的弯曲和摆动，足以吓退敌人。

四、水族世界

鱼的传奇

黎先耀

艾青在《鱼化石》一诗中吟咏

　　但你是沉默的，

　　连叹息也没有；

　　鳞和鳍都完整，

　　却不能动弹……

三四亿年前古老的总鳍鱼，人们最初只从地层里见过它们的骸骨，原以为早已绝灭了哩！不料，1938 年 12 月在东非二三百米深的海底，捕到了一条属于总鳍鱼类的空棘鱼，以发现人东伦敦自然历史博物馆女保管员之名，命名为"拉蒂曼鱼"。由于它的尾鳍呈古代兵器的矛状，故又称之为"矛尾鱼"，这种能动弹的"活化石"出现，曾轰动了世界。作者曾在巴黎法国自然历史博物馆的比较解剖动物陈列室里，参观过这个皮张和骨骼的模式标本，还看到了附带展出的深海钓捕矛尾鱼的大鱼钩。

这件新闻发生如今已经 47 年了。虽然人们挂图悬赏，先后也只捕到 100 多条。今天起在北京自然博物馆举办的"我们的鱼祖先"展览中，我国首次展出的那条科摩罗政府和人民赠送的极其珍稀的矛尾鱼，就是其中捕到的第 97 条，将使首都人民大开眼界。

这条矛尾鱼，身长超过 1.5 米，体重约 80 千克，头大粗壮，口长牙利，体披铁蓝色圆鳞，是鲨鱼般凶猛的肉食性、卵胎生鱼类。它身体的构造及其功能，最能引起人们兴趣的还是它的胸鳍和腹鳍。人们从大玻璃缸里，可以看清这两对偶鳍，不但都有中轴骨骼作柄，鳍条作总状排列，并且附着强健发达的肉质，好像船桨一般，活着时可做任何方向的转动。人们曾认为这是向四肢过渡的两对肉鳍，因此把矛尾鱼当过四足动物的祖先。后来经过解剖发现，矛尾鱼虽然具有坚固的脊柱和强壮的偶鳍可以支撑身体，但是由于它长期适应深海生活，用作呼吸空气的肺囊和内鼻孔等器官，却已经退化和消失了。所以，矛尾鱼不可能是早期脊椎动物登陆的先锋，而是重新由淡水回到深海"水晶宫"里，去过安逸生活的隐士。

这次人们还可以通过展出的我国总鳍鱼化石标本，了解到近几年来，我国古生物学女专家张弥曼敢于突破传统观点，采用新的连续磨片方法，以对云南杨氏鱼的内部结构，进行了深入的研究，发现原来认为总鳍鱼类具有的一些四足动物过渡类型的特点，全系理论和逻辑的推论，实际上并不存在。

肉鳍鱼类分为两大支：一支是总鳍鱼，另一支则是肺鱼。这个展览同时还展出了现在生存于地球上的 3 种肺鱼：澳洲肺鱼、非洲肺鱼和美洲肺鱼。鱼儿能离开水吗？世上例外的事物总是有的，这些"曳尾涂中"的肺鱼，能用肺鳔和肉鳍在泥沼中呼吸和运动，也将一饱人们的眼福。

1837 年肺鱼刚被发现时，还曾被人们误认为是两牺类动物，当做过四足动物的祖先。过了 1 个世纪，矛尾鱼被发现后，总鳍鱼代替了肺鱼在进化史上的地位。近来，有些生物学家又重新提出肺鱼是四足动物近亲的观点。

人们通过参观"我们的鱼祖先"这个难得而有趣的展览，不但能增加关于生物进化方面的基础科学知识，还能在唯物辩证法的思想方面，得到一些有益的启示。人们对事物的认识，不可能一次完成，真理需要通过不断探索，一步一步地去接近它。就拿动物上陆这个进化环节问题来说：脊椎动物从水生发展到陆生，是生物进化道路上划时代的里程碑，为陆生动物大繁荣开辟了新的天地。但是到底谁是真正的鱼中"哥伦布"，勇于探险，成功地发现并登上了"新大陆"？是总鳍鱼、多鳍鱼还是肺鱼？这个问题，科学家们至今仍在认真地探索着，热烈地争论着。

人是从鱼进化来的。这次陈列的一套人的个体发育模型中，早期的鱼形胚胎及其鳃弓，保留了人类对远祖的记忆。展出的一些关于"美人鱼"的奇妙的神话传说材料，则曲折地反映了人类对自己由来的浪漫的科学幻想。安徒生童话中的"美人鱼"，为爱情受了剧烈的痛苦，也只是把鱼尾变成为人腿。鱼儿离水上陆，发展成四足动物，要适应寒风烈日、高山大漠的新环境，也确是生物进化中一段非常艰难的历程。西方艺术家雕塑在哥本哈根港湾里的《海的女儿》的童话人物，已为全世界人们所熟悉和喜爱。

我们多么希望"人类的鱼祖先"的科学形象，将由中国的科学家发现，并将它复原塑造在中华的大海之滨。

鱼儿的祖先

方　行

美丽的厦门岛，屏蔽着一个恬静的小海湾。这个一大块软体绿玛瑙似的小海湾深处，花木掩映中有个叫刘五店的小渔村，小渔村不大，却遐迩闻名。

为什么呢？因为这一带海湾里出产一种叫文昌鱼的小小鱼儿。这鱼儿两头尖尖，活像一条小扁担挑，粉红透明的，最长不过 12 厘米，一般只有 3 厘米多长，可是却大名鼎鼎！

刘五店的渔民们也把文昌鱼叫做"扁挑虫"。这种小小的鱼儿，没有头，所以在分类学上被列在"无头亚科"。也没有鳍，没有鳞，没有脊椎骨，连眼睛、耳朵、鼻子也统统没有。可是它有一条脊索，这一下就身价百倍了。

因为这样一来，它就成了无脊椎动物进入脊椎动物的过渡类型的代表动物，成了研究生物进化的一个不可缺少而又比较稀有的材料。所以你别看它在我国只不过是一种并不太贵的美味，在外国可是被当成珍贵标本陈列在博物馆和实验室里的宠儿。

鱼类学文献上说，古文昌鱼是鱼类的祖先。现今的文昌鱼还保持着古文昌鱼的特性和原始生活样式，所以也有一些学者把现今的文昌鱼叫"鱼儿的祖先"。

　　我国早在唐朝时候就有了关于文昌鱼的记载。刘五店渔民捕捞文昌鱼的历史也已不下 300 年。恩格斯在《自然辩证法》里曾经借文昌鱼的例子嘲笑那些把事物看成非此即彼一成不变的形而上学者，他风趣地写道："不仅动物和植物的个别的种日益无可挽救地相互融合起来，而且出现了文昌鱼和南肺鱼这样的动物，这种动物嘲笑了以往的一切分类方法；最后，人们遇见了甚至不能说它们是属于植物界还是属于动物界的有机体。"

　　是呵，世间许多的事物，本来就是相对的，好像文昌鱼：你说它是脊椎动物吧，它没有脊椎骨；你说它是无脊椎动物吧，它又终究有一条脊索……可是在我们之中却总有那么一些人，他们遇事只喜欢简单化和绝对化，分析的、发展的、辩证的头脑，是难于长到他们的脖子上去的。

　　风平浪静，阳光灿烂，给九龙江的淡水冲得盐分变低了一些的刘五店一带浅海沙底上，小小的文昌鱼半截钻在沙里，半截露在沙外在觅食了。

鲨 鱼

李怀祖

鲨鱼（又名鲛），是属于脊椎动物亚门软骨鱼纲鲛目的鱼类。由观察化石得知，鲨鱼在 3 亿多年前已经存在，至今外形都没有多大改变，这证明它那鱼雷似的身形，相当适合生存。古代的鲨鱼是很巨型的，直至现在海中最大的鱼类仍然是鲨鱼——鲸鲨。

现存的鲨鱼约有 250 种，分布在世界上每一个海域；但很多河流或淡水湖都有它们的踪迹。最大的是鲸鲨，大约有 18 米长，20 多吨重；最小的是灯笼棘鲛属，长成的鱼最长约 25 厘米，重 100～200 克。

大多数鲨鱼都是卵胎生的，间中也有卵生。普通一胎很少超过 25 条小鲨，但双髻鲨有时一胎竟会产下 48 条来。

鲨鱼的脑相当小，智慧不高，记忆力很差。眼睛的网膜上满布感光细胞，但只有很少的视觉细胞，所以即使在很暗的地方都能看见东西；但在很光亮的环境却看不清。

它的听觉不算灵敏，对高频率没有反应；但身旁的侧线对压力和低频率的反应倒很好。300 米外的低频率波动也足以引来鲨鱼。

它的嗅觉特别敏锐，尤其是对血，只要少量的血腥，便可把它从远处引来；若是顺流的话，它的嗅觉距离更大大增加。

因种类不同，鲨鱼前腭的牙齿数目也不同，从 20 颗至数百颗不等。这些牙齿通常分为五六排，前后排列——有些多达 15 排——锥形的牙齿，可以数排一齐使用。

鲨鱼体内没有泳鳔帮助浮升，如果它停止活动，便不能靠身体和鳍浮动，而会沉到海底去。

爆炸可以震坏硬骨鱼的泳鳔，使它死亡或受伤。但除非是直接命中，不然爆炸不但不会伤害鲨鱼，反而会使它们闻声而来！

它们通常游得很快，最高速度大约可达每小时 37 千米（只有高速的远洋商船才有这种速度，普通约 28～30 千米）。大多数鲨鱼从出生便游动至死，因为它们的呼吸系统缺乏抽水器官，只有向前流动才能用鳃吸取水中所含的氧，停留过久便会窒息致死。所以很多海滩放了刺网，便可捕捉大条的鲨鱼。在美国加利福尼亚州南端的墨西哥水域，人们利用固定在海底的钓索，很容易钓得大鲨鱼。

鲨鱼是肉食鱼类，往往要用攻击方法取食。除了最大的鲸鲨和象鲨外，食物自然是较大的鱼类。不过，有些鲨，像大白鲨，爱吃哺乳类动物，如鲸、海豹、海獭等。虎鲨有时连海鸟、垃圾、人类残骸、罐头、煤块都吃；有一条虎鲨居然连一卷 9 米多长的纸也吞下。

鲨鱼觅食的时间通常是黄昏或黎明。它们取易不取难，专猎取老弱、愚蠢或受伤的动物，例如伤病的鱼。病鱼不规则的游弋所发出的低频率震动或受伤鱼类所流的血，都会引来鲨鱼。它首先小心地围绕着猎物兜圈，慢慢地把范围缩小；最后假如周围只剩它一条鲨鱼，它便用吻部撞击猎物，接着一口噬去，猛力摇头，把食物撕开。可是如果有别的鲨鱼在一起的话，情形就不同了：没有兜圈的前奏，很快便扑食。随着血肉和撞击的刺激，它们会兴奋起来，陷入疯狂的抢食状态，碰到任何东西都噬，连同类也照样吞噬。

有一种鲨鱼，出生之前已是食同类的凶残家伙。砂鲛在母体子宫内孵出后，便会吃掉刚孵出而较弱小的弟妹们。这是动物界中唯一在母体内便有同类相残的怪现象。鲨鱼专家史宾嘉检验一条怀孕的砂鲛时，竟给未出世的砂鲛咬了一口。

有人说鲨鱼一见海豚便进攻，但庄生博士所见的并不是这样。他认为鲨鱼通常也不会攻击健康的海豚。它们大都保持相当距离而互相避过。

250 多种鲨鱼中，会伤害人类的，最多不超过 50 种。在正常情形之下，其他约 200 种是不会伤人的。

1951 年，顾士都（水肺发明人之一）和同伴在大西洋的维特角岛，被一条污斑白眼鲨进攻，他只好利用摄影机猛打鲨鱼的吻部，把它赶走。

1963 年，顾士都的海底研究队在亚丁湾的一处浅滩潜水时，发现 70 多条鲨鱼群集，先围绕他们，然后展开袭击，潜水员用摄影机、灯、防鲨棒等还击，幸能赶快登船未有受伤，而失望的鲨群还疯狂地在水面乱扑。

顾士都曾指出，有一次他和队员们在红海潜水，鲨鱼群游近观察蛙人，但始终保持一定距离，没有太过迫近。他们潜水研究那一段时间，鲨鱼根本没有当他们存在。

美国《地理杂志》作者坚尼，在拜美尼西面游泳时，一条 2 米多长的鲨鱼突然向他直冲过来，到距离约 6 米时，把身一横，睁大眼睛，由头到脚打量了他一遍，才悠然自得地向大海游去。

著名女海洋生物学家丘珍·奇乐博士，亲自潜入墨西哥东部妇人岛附近的海底洞穴，发现里面常有一种本来在别处会袭击人类的史氏白眼鲨，躺在 9～18 米水深的洞底。它们静静地躺在那里，口部不停地有规律地开合，抽水呼吸。人们游到它面前去观察、研究和摄影，它竟动也不动，甚至连它被人用纪录板推开头部也不反抗。它有时被推开后不久，又静止下来。当然，骚扰得太厉害时它便会游走。由于鲨鱼的眼睛仍然保持警觉，注视着潜水人员的动作，显然它们并不是在睡觉。

奇乐博士和助手测得海底洞穴内氧气含量较高，洞底有淡水涌上。海水和淡水在洞内混合，会形成电磁场。鲨鱼在这种环境下可能会进入"兴奋的飘然状态"，好像人类喝了酒或吸食大麻后一般。洞内的水含较高的酸性和二氧化碳，或许可以镇静鲨鱼。或者，除了小印鱼的清洁外，它们更得到自然化学的洗涤，因为那里的鲨鱼特别清洁，身上一点寄生物都没有，而其他地方的鲨鱼，身上总有些寄生小动物。有人怀疑那些鲨鱼可能患了病，但奇乐博士推测：它们可能是为了获得特别的清洁或享受"飘飘然"的感觉。

鲨鱼对人类有相当大的经济价值。它的皮经化学方法处理后可制成皮革，韧力比牛皮还要大几倍，适合制造精美皮革制品。晒干后的鳍，是东方人席上珍品之一的鱼翅。鱼肉又可以吃。还有，它那占体重四分之一的大鱼肝，正是维生素 A 的来源。1950 年以前，光是鲨鱼肝便不知给日本和美国渔民带来多少的财富。后来，人们懂得用人工制造维生素 A，它的作用才略为减少。

在教学和研究方面，鲨鱼对人类的贡献也很大。很多研究医学和生物学的学生，都首先解剖角鲨。因为它细小、便宜、容易获得，而且没有硬骨，容易解剖；同时又可以见到和其他脊椎动物相同、但构造却较为简单的组织。现在人类对肾脏功能的认识，首先是由研究鲨鱼的肾脏而获得。科学家们相信，鲨鱼能抵抗癌，它没有人类那么容易患心脏病或其他大病。鲨鱼体内只分泌一种抗体，就像人类婴儿能产生抗体抵抗疾病一样。但成年人却只能在患上某种血癌时，才能产生少量的抗体。鲨鱼怎样能产生多量的抗体呢？真是值得研究。美国国立防癌会的医生们正在研究鲨鱼的血、肝和脑，以找寻它们体内抗癌的真相；也有人正在研究它们的肾脏和鳃。他们也想知道，为什么鲨鱼脑部受伤后比其他哺乳类动物反应较小？

发光的虾

金 涛

在我国首次南大洋考察时——那是 1985 年的南极之夏，中国海洋考察船"向阳红 10 号"在南大洋的惊涛骇浪中航行期间，船的后甲板分外忙碌。船尾的 5 吨吊车的长臂挂着一只拖网，然后徐徐投入奔腾的大海，每个簇拥在后甲板的生物学家都怀着期盼的心情注视着那渐渐落入海中的拖网。

过了一个多小时或许更长些，铃声响起，固定在甲板上的电动绞车开动起来，开始把拖网提出水面。人们的心情更加激动。当漂浮的网具徐徐拖出水面，站在船舷旁边的人个个睁大眼睛。因为在钢缆末端，是一个网眼细密的白色圆柱形拖网，网具下面有个有机玻璃的圆筒，当圆筒泛出鲜红鲜红的颜色时，顿时一片欢腾。因为那里面有不少珍贵的磷虾。

南极的磷虾，是生活在冰冷的南极海洋的甲壳类浮游动物，因为数量多，喜欢成群密集，它的体内有一个微红色的球形发光器，夜间在海面上能发出粼粼荧光，所以通称磷虾。其实磷虾的种类很多，全世界有 85 种，分布的范围也很广泛，但南极磷虾是指分布在南大洋的一种大磷虾，它体长一般 4～5 厘米，最大可达 7 厘米，有时大的磷虾群形成 500 米长、几百米宽，以致海水都变了颜色。

小小的磷虾为什么知名度这么高，而且引起世界各国生物学家的高度重视呢？

从 1977 年至 1986 年，全世界开展了一项国际科技合作计划，叫做"南极海洋系统和资源的生物学考察"，为期 10 年，有十几个国家参加了这项考察计划。在 1980～1981 年和 1983～1984 年南半球的夏季，每次都有各国的十几艘科学考察船在广阔的海洋上日夜不停地进行调查。中心课题就是查明南极磷虾的资源量和以磷虾为核心的南大洋生态系统，其中包括鲸、海豹、企鹅、鱼类、头足类以及磷虾之间的关系，还有它们的个体生态学特征、现存的生物量等。

原来，磷虾看起来似乎毫不起眼，但是它对南大洋众多的生物是至关重要的，甚至对南极的生物世界也是一个举足轻重的角色。科学家把磷虾称为南大洋生态系统的一把钥匙。

因为在南大洋的生物之间形成一个相互依存的食物链，磷虾是靠海水中大量的以硅藻为主的浮游植物为饵料的，南大洋的海水中营养盐特别丰富，所以浮游植物也大量繁殖，为磷虾提供了取之不尽的食物。另一方面，磷虾本身又是许多生物的食物，大到鲸鱼、海豹，小到企鹅和其他鸟类，还有许多南极鱼类、头足类也以磷虾为饵料。像蓝鲸、长须鲸和座头鲸的食物中，磷虾占了 80％，甚至鲸群的活动范围往往也是磷虾的密集区。一头蓝鲸一次能食 1 吨磷虾，每天要吃 4～5 吨磷虾。由于南大洋的磷虾特别多，所以鲸鱼一到南半球的夏天，便千里迢迢来到南大洋觅食。企鹅的食物主要也是南极磷虾。据统计，南极的企鹅每年捕食的磷虾约有 3317 万吨，这个数字相当于鲸鱼捕食磷虾的数量的一半。因为每只企鹅平均每天进食 0.75 千克，根据现有企鹅的数量不难推算磷虾的消耗量。而且，科学家认为，根据企鹅栖息地的变化以及繁殖后代的数量，可以推算磷虾分布和它的资源量。

近年来，人们发现一个值得注意的迹象，这就是南极半岛周围的企鹅正在急剧增加，究其原因，是因为鲸鱼大大减少的缘故，由于鲸鱼减少，磷虾的繁殖也大大增加，企鹅有了充足的食物来源，所以数量有了明显的增长。

可以看出，磷虾在南大洋生态系统中所占的地位十分重要，有人将磷虾比作南极生物大厦的基石是十分贴切的。为了进一步探明南极生物之间的微妙关系，磷虾的研究已经成为南极研究的一项重要课题。

世界各国合作开展磷虾的研究，还有一个十分迫切的现实意义。因为从20世纪60年代初，当时的苏联第一次派出远洋渔船到南大洋捕捞磷虾以来，这发光的小虾已成为各国争夺的生物资源，智利、德国、日本、波兰、韩国的渔船也竞相捕捞磷虾。1981～1982年度，磷虾捕捞量为529505吨，其中90％是当时苏联捕捞的，这个数字相当于我国每年捕捞带鱼的数量。

磷虾所以引起许多国家的兴趣，是因为它含有营养丰富的蛋白质，所含蛋白质和牛排、龙虾差不多，而且味道鲜美可口。目前有的国家将它制成磷虾酱在市场出售，还准备加工成饲料或肥料。由于南大洋的磷虾资源相当丰富，有的估计达50亿吨之多，也有的认为只有10亿～20亿吨，这是一个相当诱人的数量。不少人据此提出，磷虾是人类未来的蛋白资源。

科学家对此比较谨慎，他们认为要合理地利用磷虾资源，首先要摸清南大洋究竟有多少磷虾。另外，更加重要的是，也必须调查清楚，每年捕捞多少磷虾合适，才会不致影响南大洋的生存，不会破坏生态平衡。因为磷虾在南大洋生态系统中的地位非同寻常，一旦磷虾的资源因过量捕捞而急剧减少，就将产生一连串连锁反应，那些依靠磷虾为食物的生物（海豹、企鹅、鱼、鸟类）就会因失去食物而死亡，而遭受打击最大的恐怕要数已经稀少的鲸鱼。

因此，科学家们提出警告，不要忙于捕捞磷虾，为了人类的长远利益，合理地利用和开发南极的生物资源（其中也包括磷虾），还是先让科学去领略吧。因为只有认识了南极，才能谈得上利用南极和开发南极。

在这方面，人类已经有过许多惨重的教训，不能让海豹、鲸鱼的悲剧重演了。

太湖岸畔话大鼋

赵肯堂

我国有关龟鳖类的记载，可以追溯到殷商时期。甲骨文里已经有了可辨认的"龟"字，至于"鼋"字则始见于《诗经》，且与龟并列明确分立为两种动物。

《尔雅翼·鼋》："鼋·鳖之大者，阔或至一二丈。……卵大如鸡鸭子，一产三百枚，人亦掘取以盐腌之。"《本草纲目集解》："鼋生南方江湖中，大者围一二丈，南人捕食之，肉有五色而白色者多，其卵圆大如鸡鸭子，一产一二百枚。人亦掘取以盐腌食，煮之白不凝。"

鼋和龟是极其古老的爬行类，它们的祖先在地球上出现的年代远在恐龙之前，至今已经延续了 2.7 亿年。鼋虽然可以看作是一种大鳖，并且同鳖的亲缘关系也比较接近。但是它们之间的差异还是非常明显的。

成鼋的身长 1 米有余，鼋甲的周长两米左右，浮露在水面时，俨然就像一个小圆桌面，最大的体重可高达 200 千克。如果把棱皮龟封为海里个头最大的龟王的话，那么将鼋叫做江河湖泊龟鳖类中的巨人，是当之无愧的。由于它的头顶上长有许多疙瘩，因此民间都称呼为"癞头鼋"。鼋体外硕大的甲壳可以护身防敌，暗绿色的背甲和洁白的腹甲在水中还能起保护色的作用。鼋对食物的要求不拘一格，也不挑食，荤素兼容，甚至包括人畜的尸体，但对鱼、虾、螺、蚌等水生小型动物却特别偏爱。不过鼋的游速较慢，只好时常把身体埋藏在湖底的淤泥里，伸长脖子，伺机伏击和捕食从面前游过的鱼虾。鼋颈长而能灵活转动；两颌无齿，但有锋利的角质鞘，可牢牢地咬住猎获物，置鱼虾于死地；有时还会凶悍地张口啮人。古书中曾有这样的描绘：如果人的手脚被鼋咬住后，不但奇痛难忍，而且也不易挣脱，哪怕是杀了它，使之身首异处，还是无法让它松口。这种传说也许有些夸张，但是在陆上咬物不放倒是挺能反映鼋的习性的。鼋的忍饥耐饿能力也是惊人的，在缺食少吃的时期，常常潜入河泥里，不吃不动，埋头睡上数月，利用背甲边缘厚实的裙边中所贮存的养料维持生命，这在一般动物却是难于做到的。

鼋成年累月栖居在江河中，对于汛期内江水的涨落极其敏感，甚至能预感到当年洪水的水位高低。它们根据这种预感，5 月份到陆地上选择产卵地点时，如果当年的洪水要涨得很高，那么它们就会爬到河岸的高处去产卵；反之，它会挑一个位置比较低的地方挖坑下蛋。人们了解到鼋的这一繁殖规律后，就可以借助在江岸边发现鼋卵的位置高低，事先预测洪水的大小、制订防汛计划和措施。

鼋的产卵期从 5 月一直延续到 9 月，母鼋常在皓月当空的晴朗之夜离水上岸，选一平坦、向阳的滩地作为产卵场所。产卵前用四肢挖成一个深半米，直径为 15～20 厘米的坑穴，每穴产卵 20 枚左右。结束产卵后，再用泥沙把坑填平，并且在上面爬行几圈，制造伪装，然后由另一条路返回水中。坑里的鼋卵依靠吸收阳光的热能进行孵化，经过 40～60 天，活泼可爱的小鼋就能破土而出，爬向江河，开始自己的新生活。

鼋是我国常用的传统中药，用黄酒浸泡背甲制成的药酒可以治疗瘰疬、恶疮、痔瘘和疥癣。鼋还是江南水乡和华南各地脍炙人口的佳肴，也是筵席上的美味珍馐。《左传》中有这样一个故事：楚人向郑灵公献鼋肉，公子宋得知，认为鼋肉味香而美，欲尝鲜品味，但遭郑灵公拒绝。公子宋因而大怒。竟"染指于鼎，尝之而出"，以致遭杀身之祸。记载表明，鼋在当时原是帝王的御食，即使皇亲国戚也难得有一饱口福的机会。此外，"鼋鼍为梁"这句成语也与江南一带多鼋有关，成语的故事大意是说周穆王出师东征，来到江西九江，因江河密布，行军受阻，于是下令大肆捕杀鼋、鼍（音 tuó，即鳄鱼），用以填河架桥，终于战胜了敌方。

我国产两种鼋，一种是分布在浙江南部、福建、广东、广西、云南等省（区）的普通鼋，另一种是产在长江下游地区的斑鼋。由于人们的恣意捕杀和环境恶化，在近半个世纪以来，鼋的资源日趋枯竭，其总数可能已经不足 200 头，现在也已列入国家一级保护动物。濒危程度超过了大熊猫、金丝猴，因此抢救鼋实在是刻不容缓了！

太湖曾经是盛产鼋的地区，无锡名胜"鼋头渚"的得名，不仅是因为该处突出于太湖之滨酷似鼋头，也由于站在这里可以远眺和观赏湖内群鼋嬉水的奇景。苏州地区的居民素有购鼋在寺庙的池塘里放生的习俗，因而当它们于各地水域中被大量杀戮而销声匿迹后，到 20 世纪 90 年代仍在苏州西园寺的放生池内残存着几只百岁以上高龄的斑鼋。遗憾的是由于少数游客对珍稀动物缺乏爱心，以致近期又传来 4只老鼋因吞吃抛扔在水面的大量塑料袋和被乱石掷砸致死的噩耗。

江中"熊猫"白鳍豚

梁秀荣

在武昌东湖边的湖北水生生物研究所里，人们可以看到两种体型均呈流线型并长有长喙的动物，在水池中迅速灵活地游动，一种是四川人称之为"象鱼"的白鲟；另一种是白鳍豚。后者不是鱼，而是兽。现在北京自然博物馆陈列的那条白鳍豚标本，就是这里水生所所长伍献文教授生前所赠。

鲸鱼分为齿鲸、须鲸两大类，绝大部分生活于海洋，个别生活于江河。白鳍豚属于淡水齿鲸，故亦称"淡水海豚"，现在只生活于中国长江中下游以及洞庭湖、鄱阳湖水域；有人在钱塘江观潮时，也曾发现过它矫健的身影。

白鳍豚从陆生向水生生活演变的历史过程中，颈部和体毛逐渐消失，形成了光滑的纺锤形躯体。体长1.5～2.5米，体重200多千克，背呈蓝灰色，腹部为白色。额部隆起，吻部呈喙状，窄而长，有齿约130粒，便于捕食底栖鱼类。前肢变为宽圆形鳍状，后肢退化，有低等腰三角形背鳍，尾鳍呈水平新月形，这些体形结构的趋同变态，有利于水中平衡和快速游动，白鳍豚将头露出水面，用肺呼吸；但在水中，善于潜泳。

白鳍豚是胎生哺乳动物，雌雄常成对活动，晚春江水上涨时节，它们爱游至清静的小河中交配，怀胎三至四个月，在水中分娩，每胎1仔。幼豚与其他鲸类一样，出生时已发育完好，母豚将其推出水面，呼吸地球上第一口空气。奇妙的是幼豚在水中吸乳时，用舌尖把奶头顶住上颚，形成细管吸住奶头，就不至把水也吸入口内了。

白鳍豚现为我国特有动物，并只产于长江中下游，但是六七千万年以前，在地球上分布广泛。人们在美洲第三纪地层中，就曾发现过白鳍豚的化石。鲸作为兽类，从新生代早期就已由陆地重回海洋生活。关于它们的起源，至今仍不甚清楚。有人推断是由古踝节目动物（与食肉目有较近的亲缘关系）逐渐演变，而适应水中生活的。

中国对白鳍豚的记载，最早见于成书于两千二三百年前的古辞书《尔雅》，但是误将"鱀"列为鱼类。约1700年前的晋代训诂家郭璞所著《尔雅注》，对"鱀"的形态和生态有了初步认识，知道它为胎生动物。这说明当时在中国白鳍豚还是能常见的动物。最令人感兴趣的，为清代蒲松龄所著《聊斋志异》中那篇题为《白秋练》的爱情神话，就是以"白骥"（即白鳍豚）为题材的缠绵浪漫的小说。文学是现实的反映。从故事的背景和情节来看，蛰居山东的柳泉居士，对长江中的白鳍豚还是深切了解的；否则，是写不出这样人兽相通、情理相合的优美神话的。

这篇小说的主人公直隶商人之子慕蟾官，就是在武昌的长江舟中，深夜吟诗，引得白骥精幻化为美妹白秋练前来相就。他俩人一见倾心，互相爱悦，到相思成疾，克服种种困难，终成眷属。洞庭龙王，为求秋练，惩逐其母。因之，秋练母被钓鲟鳇者捕获，"生近视之，巨物也，形全类人，乳阴毕具。"慕生盗父金赎之放生。这段情节，说明作者已认识到"白骥"与人一样属于哺乳动物；同时也反映了渔民对和鲟鱼生活于同一水域的白鳍豚滥施捕杀的情况。秋练随慕生北归，要求载数坛湖水以俱。她每食必加少许湖水，如用酱醋。所携湖水食罄，秋练喘息而死。所幸乃翁经商自南北归，带来湖水浴之，方渐复苏。翁死后，生从姬意，全家迁返楚地，伉俪甚笃。后段情节，作者运用了白鳍豚必以淡水为生，不能离开湖北一带生态环境的知识。我想读了《白秋练》这则动人的神话，欲用罗网、刀钩、镖枪捕杀白鳍豚者，也会于心不忍吧？

人们称白鳍豚为水中"熊猫"。因为它们同为我国一类保护动物，而且是同临濒危险境的国宝珍兽。现在白鳍豚由于渔民的捕杀、生态环境的恶化，加以易为日益频繁的江轮的螺旋桨所击伤致死，数量日渐减少，已濒临绝灭。如今我国除了对白鳍豚加强科学研究外，还在长江中游湖北境内新螺段和天鹅洲建立了白鳍豚自然保护区；希望水中的"熊猫"也能和山中的熊猫一样，得到有效的保护和发展。

美人鱼

陈万春

　　海牛本来都是普通的海栖或河栖哺乳动物，既无什么神秘莫测的本领，又无什么惹人注目的独特之处，但却获得至高无上的高雅称呼——"人鱼"或"美人鱼"，并且由此衍生出无数离奇而又美丽的传说和神话，在国内外民间广为流传。我国历代的文人雅士们也将此撰写成文、记入古书。例如南朝的《述异记》中说，南海有鲛人，身为鱼形，能纺会织，哭时会掉泪。《组异记》中也说，宋代有个名叫查道的人，出使高丽（即朝鲜），见一妇女，出没水上，腮后披发。

　　当然我国古书上对海牛还有其他记载，如《博物志》、《临海异物志》及《本草纲目》中都说，东海有牛体鱼，样子像牛，重三四百斤，无鳞骨，背有斑纹，肉脂相间，肉味颇长等等。那么，海牛到底是什么样子呢？

　　其实，海牛并不像牛，它既无黄牛那种锋利的犄角，又无粗壮有力的四肢，当然更不像人。海牛除了独具一格的口部特征外，整个身体的轮廓倒颇似海豚，不过其粗糙如象的皮肤，遍布全身的稀疏刚毛和呆钝怯懦的个性，又使它与聪明灵巧的海豚迥然有别。虽然流线型的体型使它趋同于鱼，而水平的尾鳍又把它和鱼区分开来。它虽是兽类，但其四肢和陆生兽相比却面目全非了。它后肢退化消失，前肢变成适于游泳的桨状鳍肢，这都是它长期适应水中生活的结果。

海牛虽有美人鱼的雅号，但却天生了一副丑陋的面孔。其上唇厚而上翘，前端如盘，宛如戴上的口罩，鼻孔几乎被"挤"到头顶上去了，嘴也"挤"得向下张开着，加之其后端也有两枚不甚大的獠牙，不少人推测它和象有某些亲缘关系。它的眼不大，两个鼻孔就像是用手指戳成的洞，但在水里可完全关闭。它没有外耳壳，嘴的周围触毛密布，使它的相貌更加难看。

海牛行动缓慢，性情安静，整日似昏昏欲睡。当饱食以后，除不时出水换气外，总是潜入30～40米深的水底，伏于岩礁等处，消磨时光。这种死气沉沉的习性和缓慢的游泳速度，使它从不远离海岸到大洋深海中去。它们对冷很敏感，水温低于15℃时，就会很快患肺炎死去，所以它只能生活在热带水域中。

海牛一般不群居。因其视力欠佳，触觉在彼此识别上可能起着重要的作用。所以彼此相遇时常是爱抚似的相互接触。它的身上有时海藻满布，清理身体也是它日常活动内容之一，它或是在沙里打滚，或是在木桩等物上摩擦。有些鱼类很喜欢吃海牛身上的海藻和寄生虫，因此成了海牛的友好睦邻。

海牛是以海藻、水草等多汁的水生植物以及含纤维的灯心草、禾草类为食，但凡水生植物它基本上都能吃。海牛每天要消耗45千克以上的水生植物，所以它有很大一部分时间用在摄食上。

这种食性在海兽中只有此海牛一类，这是它和陆生牛的相似之处，或许是何以叫它海牛的缘由之一吧！当然还有一个原因，相传哥伦布1502年第4次航行时再次看到了海牛，当时他的儿子弗迪南德也在船上。他们一起食用了海牛，认为其肉色和味道都酷似小牛肉，加之它们以草为食，体内构造和鱼毫无相似之处，就推测它们不是鱼，而是真正的小牛，自那以后，海牛就被叫开了。

海牛的活动能力很弱，终生都沐浴在海、河之中，它和鲸一样上陆以后就无法生存。到了发情期，数头雄海牛追逐一头雌海牛，互相嬉戏、逗游，雌海牛或摆动、扭曲躯体；或雀跃、潜水，常搅起一片片泥沙，达高潮后雄海牛便与之配对交尾。母海牛经过约 400 天的漫长孕期后在水中分娩。它似无明显的生殖季节，一年中的任何一个月都可以是交配季节或产期。但它的生殖率很低，平均每 3 年产 1 仔，双胎者极少。

刚出生的小海牛有 1 米多长，30 多千克重，尾巴向前卷曲，游泳力弱，因此母海牛常让小海牛骑在自己的背上，帮其浮出水面呼吸。小海牛只需几个月的时间就能吃草了，但是几年之内它们还是一直依傍在母海牛身旁。有人推测海牛能活 30 年。

海牛有两个乳房，像人的拳头那么大，都位于胸部鳍肢下，与人的乳房位置相似。这大概是将其取名人鱼的最大根据吧！甚至有人说它是用鳍肢抱仔竖立在水里喂奶，上身露出水外，其状颇似人。

其实，根据饲养海牛的实际观察，它喂奶时水平地浮于水面上，身体略侧，鳍肢斜向前伸，小海牛与母体斜成一个角度，嘴吸在母海牛的乳头上吃奶，同时和母海牛一起慢慢地游动。当母海牛出水换气时，也小心地使吃奶的仔海牛鼻孔露出水面呼吸。

海牛的种类现存的仅 4 种。我国南海，即广东、广西、台湾等地沿海常见的一种叫儒艮，它是由马来语直接音译而来的，有人也称它南海牛。除北部湾外，儒艮还分布于印度洋、太平洋周围，亚、非沿海，东南亚以至日本。儒艮体长仅有 3 米，尾鳍为新月形，后缘向内凹。另外 3 种海牛分布于西印度群岛至墨西哥东岸间的美洲沿岸、加勒比海周围，以及从塞内加尔向南到安哥拉的非洲西岸，有些也生活于江河之中。目前在 40 多个国家里都可见其踪迹。它们的样子和儒艮相似，但身体略大，长达 4 米，重 450 千克，身体浑圆，像个圆桶，全身灰色，尾鳍向外突出，很像一把铲子。它们只有 6 枚颈椎骨，这在哺乳动物中是唯一的例外。

　　1741 年在白令海还发现一种大海牛，体长 7.5～9 米。不幸的是因其肉味鲜美，仅有的约 2000 头在被发现后的 27 年中被捕尽杀绝了。

鲸鱼对歌

[德] 维托斯·德吕舍尔

　　当红彤彤的太阳放射出最后一丝光芒后坠入大海时，夏威夷群岛附近的海域响起了一阵悠扬的旋律，乐声婉转，更显无垠大海的空寂。那音乐声先从低音贝司开始，渐渐地升高音阶，几秒钟之后便有似于双簧管与沉闷的小号的二重奏，最后在一连串上下起伏、悠扬哀怨的苏格兰风笛声中收住了尾音。整个音乐过程中，海洋似乎也随之颤抖起来，包括这时正在做最后努力的潜水员也坠入了一种不安，他是为了能赶在光线勉强够的情况下入水做最后一次目标搜寻的。随着音乐的变换，潜水员内心的胆怯时而被一种情欲的冲动所代替，自上而下贯穿全身；时而又在声波介于海底与水面激来荡去之时有了一种进入圣殿的神圣感。

　　出于好奇，我们的潜水员带着他的水底探照灯向声源游去，希望能找到一些线索。在深水处，他终于发现了那位歌者——一头巨型的座头鲸。在这头巨兽面前，所有的人都会觉得自己渺小得像一只无足轻重的蚂蚁。的确，座头鲸一向以它的超大型外观著称于动物世界，17米的身长加上45吨重的体重使它们具备了与任何巨人相媲美的资本。就在此时，它又开始了第二乐章的演奏。只见它紧闭双唇，凝神静气，音响划破天际，传到了20千米之外的海域。

我们提到的潜水员是一位女性，她的丈夫罗杰·裴恩是国际知名的鲸鱼研究专家。这对夫妇通过常年的观察，坚信座头鲸这段"吟唱"证明了古希腊传说中的女妖塞壬的真实性。这个传说叙述的是在上古时期的地中海里，一个神奇的岛屿上生活着一群海的女儿，人们称她们为塞壬。每当有船只驶过这个塞壬女生活的岛屿时，她们便用美丽而动人的歌喉去打动那些海员，包括英雄奥德修斯也曾被这美妙的歌声迷惑。一旦这些男人踏上了海岛，那些原本美妙的少女瞬间就变成了吃人的恶魔，吞噬了这些海员。专家的研究也的确证明，座头鲸曾经在地中海水域出没过。难道真的是它们在那里用音乐拨动海员的心房，用一种亘古的魔力让他们魂不守舍？难道真的是它们用音乐使木船波动，船身随着波浪与歌声来回荡漾？沉埋在历史里的谜底我们暂时无法解开，我们也知道今天无法再休验过去的这一切，因为机器船只的轰鸣声让我们连自己相互间的说话都已无泫听清，又如何能用颗敏感的心去体会那幽怨的吟唱呢？我们现在也确实知道，这些令人心旌摇荡的音乐确实是座头鲸为喜爱的"姑娘"唱出的情歌。那些远方的"心上人"听到这些歌曲之后就会明白这里有"情郎"在痴痴地等候。四天四夜的"联唱"足以证明情郎的执著与耐心。"有情人终成眷属"，也同样适用于鲸鱼世界，因为它终于打动了一个拖着"孩子的女人"的芳心，一个比它还身高马大的雌鲸在一条1岁左右的幼鲸的陪伴下款款游来，不过，它并没有表示出直接交配的意愿。雄鲸也看出了雌鲸的意思，明白经过时间考验的爱情才弥足珍贵，于是从此担负起了保护母子两人的重任。

如果是一群雄鲸凑在了一块儿，免不了会发生一场"情歌大赛"。所有的"参赛选手"都唱着同一首歌，希望能够得到雌鲸的欣赏。为了显示自己的特殊"演艺风格"，它们并不是和声同唱，而是错开来对唱。我们那两位有心的研究人员吃惊地发现，去年在同一地点，那些雄鲸唱的却是另一个曲目。难道鲸鱼是在不同的时代唱不同的歌吗？通过多年的观察他们终于发现，座头鲸的音乐品味与少男少女们很相似，绝对追求"流行"，绝对追求"新潮"。于是雄鲸鱼们每年都会同唱一首本年度最"酷"的歌。在"歌会"上谁将这首"酷"歌演绎得完美无缺，那么它定然会得到"女人们"的青睐。

　　每年交配季节之后，那些"流行歌手"们便退出"歌坛"达9个月之久。在这段时间里，它们踏上了回北极老家的旅途。来年后的同一季节它们又在夏威夷相会，复出"歌坛"的"腕儿"们都先"旧梦重温"一遍，将去年的好歌重新演绎一次，由此可见它们的记忆力也是不错的。没多久它们就会觉得这个曲调太过陈旧，于是在某些乐段上进行大刀阔斧的修改。每个人各改一段，过不了一会儿，一首面目全新的"年度最佳金曲"便诞生了。这种集体创作淋漓尽致地表现了鲸鱼的艺术天分。尽管"情敌们"在感情生活方面"针尖对麦芒"地各不相让，但是在"艺术"面前却还总是能找到共识。如果我们长达5年之久，从不间歇地倾听座头鲸的"年度音乐会"，我们会发现期间的跨越是多么的巨大，几乎比从贝多芬跨度到甲壳虫乐队还要让人觉得惊愕。动物也如此地追崇潮流时尚，真是不可思议！

　　随着时间的推移，夏威夷海岸边聚集了越来越多的座头鲸，有带着孩子的雌鲸，也有那些参加"歌会"的雄鲸。如果它们在"文比"中不分伯仲的话，那么就只能通过"武试"来争取最后的胜券了。既然是"武试"，那就没有什么"绅士风度"可言了。赤裸裸地比试肌肉让观战者都觉得威胁巨大。一阵鸦雀无声后，在不远处的海面上有一只雄鲸跃出了水面，它那45吨重的"肉堆"重重地砸在水面上，像一枚炸弹落水一样。这就是"比武招亲"的发令枪。自此以后，那些自恃身强体壮的雄性鲸鱼不断地以每小时27.6千米的速度腾出水面达40次之多，目的就是展示它们健硕的体魄，威吓对手。它们的"比武招亲"一般都流于形式,绝对不会动真格的。而那些千辛万苦争来的异性的交配也是在几秒钟之间就完事了。在行事时,雌、雄鲸鱼于水中立直了身子,有时还肚皮贴肚皮地立于水面之上,等到它们各向后退一步时,就表示整个过程到此结束了。

（吴永初　译）

鲸中之虎

谭邦杰

　　蓝鲸是古今中外地球上一切动物中，躯体最巨大、最出色的"魁首"。有的鲸类学权威认为，最大的蓝鲸体长可达 33 米，体重可逾 200 吨。可是经过多年的猎捕，这么大的超级巨鲸已不存在。捕鲸业人士相信，现在连 24～27 米长的鲸也难找到了。一头 27 米长的蓝鲸，一条舌头就有 3 吨重。蓝鲸固然是鲸类中最大的种，但决不是最凶的。讲到海洋中最凶猛、最可怕的角色，我们自然首先会想到鲨鱼；只有较少的专家学者才知道海洋中有另一种比大鲨鱼更凶猛、更厉害的动物，那就是虎鲸，又称逆戟鲸，它才是海洋中头号凶猛厉害的动物。

　　这使我联想到一个非常巧妙的吻合之例：在陆地动物当中，最大的是非洲象和印度象（亚洲）。但最凶猛的可怕的动物却不是大象而是老虎和狮子，狮和虎在森林和草原充当的角色，似乎可以同虎鲸在海洋中的地位相比拟。然而这只是表面上如此，再进一步考查，就可看出虎鲸在海洋中称霸的程度远远超过狮、虎在陆地上的情况。狮虎虽凶，尚没有欺压大象，也不敢以象群中的弱小者为食。但虎鲸则不然，它不仅能猎食海洋中所有大小动物，包括海狗、海豹等各种海兽，各种大鱼乃至其他种鲸和海豚。事实上，它竟敢毫不客气地猎食世上最大的动物——蓝鲸！根据老海员的经验谈，确实有人曾经眼见三五条或十条八条的虎鲸结群直扑到蓝鲸身上，撕食它身上大块的肉或咬掉它嘴唇和舌头。若不是有人亲眼看见，说来恐怕难以让人相信，那巨大的蓝鲸比起一条虎鲸，有如一位大汉比起一个儿童，大出将近十倍。为何不奋起反抗呢？也许有人认为蓝鲸可能是一种天性懦弱、缺乏斗争性的动物。可也不然，海洋中还有其他各种大型鲸，如长须鲸、座头鲸、灰鲸等等，同样是"不抵抗主义者"。远远望见虎鲸高耸的背鳍破浪而来，不知及时逃走或潜入海底，却吓得翻转身躯，肚皮朝天，明白地做出一种"送礼"的姿态！为何没有一个敢起来反抗呢？

虎鲸敢于如此逞凶，显然不是虚张声势，而是有实力为后盾。首先它有一个血盆大口，口中有许多枚锥形大齿，能把一头海狮叼起，一口吞下。据说有人曾看见一头大虎鲸连吞 4 条海豚，也有人曾从虎鲸的胃中发现 14 只海豹的残骸。这就明白显示出它的实力。或许有人会问：虎鲸如此凶恶，是否也像海洋中的大鲨鱼一样，是一种吃人的动物呢？既提到吃人问题，就容易想到它的英文名称，是叫 killer whale，简称 killer，直译之就是"杀人鲸"或"凶手鲸"，由名称可见人们确实相信它是吃人的动物。但事实又相反，检查近百年来的报章杂志，根本未曾有过一桩虎鲸吃人的报道，被动物园、水族馆饲养展览的虎鲸，像马戏团里驯养的老虎一样，更是驯顺得出奇！不仅情愿让饲养员骑在它的背上在水族馆池子水面上来回兜圈子玩，甚至叫它张开大口，把头伸入口中，它也毫不在意。这与"杀人"、"凶手"一类的称谓不是有天壤之别么！这种情况确是许多学者专家难以理解的。或许虎鲸也同大多数海豚类相似，有一种乐于接近人类的天性。这一点倒是值得人们去做进一步研究，查一查其中有什么奥秘？

海底世界

[美] 蕾切尔·卡逊

睁开眼去巨鲸游憩处遨游
——马休·阿诺德

在被阳光照耀着的开阔海域的表层海水与隐藏在海底的山脉和谷地之间是最不为人知晓的区域。那深暗色的海水，它富有奥秘，也有着许多悬而未决的问题，海水占据了地球的相当大的部分。全世界海洋覆盖着地球表面的四分之三。如果我们除去大陆架的浅海部分以及散布的海岸和沙滩（那里至少有太阳的惨白的幽灵在其底部游荡），还会剩下地球的一半被超过近 2 千米深、见不到阳光的海水所覆盖，这些地方自世界之初就一直处于黑暗之中。

这个区域具有比其他区域更加难以破译的秘密。人类竭尽才智去冒险才能达到它的门槛处。携带着压缩空气瓶，人可以达到 90 多米深处。戴着潜水防护帽，穿着橡皮衣，可以沉入 150 多米深处。在世界上所有的历史中，只有少数人有潜入到见不到阳光的区域的经历，并且是生还的。首次这样做的是 W. 毕比和 O. 巴顿。1934 年，他们乘坐潜水器在百慕大（群岛）的附近开阔海域中潜入到 900 多米深处。

1949 年夏，巴顿自己乘坐设计的多少有些不同的钢制潜水器潜入加利福尼亚外海水下 1372 米深处。1953 年，法国潜水员潜入比之还深 1800 多米的海中，并在那以前从来不知道有活着的人出现的、黑暗的、寒冷的地带呆了几个小时。

尽管只是某些幸运的人能够来到海底，海洋学家的精密仪器，记录下了光线穿透力、水压、含盐度和水温，给我们提供了资料。有了它，我们可以凭借想像力重见那些令人生畏的险恶地区。表面海水对每种风都很敏感，这些风日夜都对太阳和月亮的引力有反应，并随季节而变化。与表面海水不同，深部海水是变化缓慢的地方，如果不是没有变化的话。在太阳光线达不到的地方，就没有光明和黑暗的交替，而是无尽的黑暗，并且就像海洋本身一样久远。这地方大部分生物总是无休止地在黑暗的海水中摸索前进。对于它们来说，这一定是个饥饿的地方，食物很稀贵且很难寻到。这也是个无遮无掩的地方，那里没有预防敌人出现的庇护处。它们在那里只有不断地在黑暗中游动，从生到死，把自己囚在海中特定的一层，就像在监狱中一样。

人们过去常说，在这么深的海里什么也活不了。这是很容易被人接受的信念。因为没有与之相矛盾的证据，人们怎么能够想像出在这样的地方有生命？

一个世纪以前，英国生物学家爱德华·福布斯写道："当我们越来越深地沉向这个地区时，生物变化越来越大，生物数量越来越少，表明了我们靠近了深渊，在那里生命或者是绝灭了，或者只是呈现出象征着苟延残喘的几颗火星。"但是福布斯力促进一步探索"这个浩瀚的深海区域"，以使深海生命存在的问题得到永久的解决。

即使在那时，证据也在不断积累。1818 年，约翰·罗斯爵士在北极海探险，从近 2 千米深海的海底打捞出含有蠕虫的泥质物，"这样就证明了，尽管海底是黑暗的，寂静的，静止的，还有近 2 千米深的上覆水层产生的巨大压力，那里还是有动物的生命"。

这时，从考察船"叭喇狗"号又传来了报道，其时该船正在考察1860 年为从费罗到拉布拉多电缆设计的北线。"叭喇狗"号的测深索在某地可以达到 2300 米深的海底，并可停留一段时间，在测深索提上来时有 13 个海星附着其上。通过这些海星，船上的自然科学家写道："深部送上来长久以来所渴望知道的信息。"但是那时的动物学家并不都准备接受这种信息。某些怀疑者断定，在测深索收回到地表途中，海星受震动紧紧抓住了绳索。

同一年，1860 年，地中海中的一段电缆从 2195 米深处被捞出以进行维修。发现其表面被珊瑚和其他固着生物厚厚地覆盖住了。这些生物是在发育的早期阶段就附着于其上，并在几个月或几年时间发育成熟。若认为当电缆提到水面上时，这些生物才缠绕在电缆上是一点儿不可能的。

接着是"挑战者"号，它是第一艘为海洋探险而装备起来的船。1872 年，它从英国出发环绕地球航行。从几海里深的水底，从覆盖着红色软泥沉积物的寂静深处，从各种见不到阳光的中等深度，一网网的稀奇古怪的生物被打捞上来，倾倒到甲板上。注视着第一次被带到日光下的奇怪的生物，从来没有人看见过的生物，"挑战者"号的科学家们认识到了，甚至在海渊的最深处都有生命存在。

大部分海洋在海面以下几百米深处分布着一些不为人知的生物所组成的活生生的生物群，这一最新发现是多少年来了解到的有关海洋的最激动人心的事件。

在 20 世纪第一个 25 年的时期，当回声探测器研制出来并使船在航行中能够记录海底深处时，很有可能不会有人猜想到它也提供了了解深海生命的手段。但是新仪器的使用者很快发现，声波像光线一样，从船上向下发出被所遇到的固体目标反射回来。回声从中等深度。假定是鱼群、鲸鱼和潜水艇中返回；然后从海底接受二次回声。

从这时起，有关海的"幽灵似的海底"的发现很快多起来。由于广泛应用回声探测器，这种现象不只是加利福尼亚海岸特有的现象已经变得明明白白的了。它几乎遍及所有的深海盆——白天漂移在几百米深处，夜间升到海面，在太阳升起之前又沉入到海的深处。

对于浮游生物理论来说，最使人信服的论据之一是人人皆知的事实：许多浮游生物做有规律、几百米的垂直迁移，夜晚升到水面，在晨光熹微之时又沉入到光线可穿透带的下面。当然，这正是散射层的情况。不论它是由什么组成的，这种东西显然受到阳光的有力排斥。这个层的生物看来几乎是在整个有日照的时间里自始至终地被拘留在太阳光线的末端，或者末端之外的囚犯，等待着仅仅是受欢迎的黑暗的到来以便迅速游到水面。但是什么是对阳光排斥的力量？一旦抑制力撤去，又是什么吸引它们向水面游去？它们寻求黑暗是因为相对来说能安全御敌吗？是不是由于水面有更丰富的食物诱使它们在夜雾的掩护下回到海面？

最令人吃惊的理论（这是个看来最没有什么人支持的理论）是这个层是由鱿鱼群所组成的，"在海下被照亮的地带下徘徊，等待黑暗的到来，在这夜幕中得以重新开始向富含浮游生物的水面冲击。"主张这种理论的人提出，鱿鱼是很丰富的，分布也是很广泛的，从赤道到两极几乎每个地方足可探测到回声。人们知道鱿鱼是在温带和热带开阔海域中的抹香鲸的唯一食物，也是槌鲸的唯一食物，又被大部分有齿鲸类、海豹和许多海鸟大量吞食着。所有这些事实都表明了它们一定是异乎寻常的丰富。

那些靠近海面夜间工作的人都留有黑暗中鱿鱼又多又活跃的动人印象，的的确确是这样。很早以前约尔特写道：

"一天夜里，我们在费罗岛的陆坡上拖着长长的测深索，一旁悬挂着电灯以便看清测深索。这时一条又一条鱿鱼像闪电一样向灯光急速游来。……1902年10月的一个晚上,我们在挪威海岸大陆坡外航行。在好几海里远,我们看到在水面上鱿鱼流动着就像发光的气泡;像大大的乳白色的电灯,不停地闪亮又熄掉。"

丰富的深海生物的存在很可能是几百万年前被鲸、现在看来还有海豹所发现。所有鲸的祖先,从化石遗体中我们知道,都是陆生哺乳动物。它们一定曾经是食肉兽,如果我们从它们那有力的颌和牙齿来鉴别的话。或许它们在大河的三角洲或者浅海边的周圈寻找食物时发现了大量的鱼和其他海生动物。多少个世纪中,形成了跟随这些海生动物的习惯,越来越远而入海了。它们的身体逐渐采取了更适合水生生活的形状。后肢成为退化器官,只有通过解剖才能在现代鲸中发现它。前肢变为掌握游泳方向和维持平衡的器官。

如按鲸的海中食源划分,这样鲸可分为三类:食浮游生物类、食鱼类、食鱿鱼类。食浮游生物的鲸类只在有着稠密的小虾群或桡足类群以满足供给它们大量食物的需求的地方生存。这在南北极水域的高纬度温带限制住了它们,除了一些分散地区外。食鱼的鲸类可能在多少更为广阔的海洋区域内寻找食物,但是它们限于有成群的鱼大量分布的地区。热带和开阔海盆的海水中对这两种鲸类都提供不了什么食物。但是庞大的、方头、有着令人生畏的牙齿的叫做抹香鲸的一类在很早以前就发现了,而人们最近才了解的情况——在那些几乎没有被(生物)占据的地区,其水面以下几百米深处有着丰富的动物。抹香鲸为了猎食占据了深水区。它的猎物是深水中的鱿鱼群,其中包括巨大的鱿鱼;大鲗,它生活在水下450米或更深的远洋地区。抹香鲸的头常常有长条形的标记,它是由大量圆形疤痕所组成。这些疤痕是鱿鱼的吸盘造成的。从这一证据中,我们可以想像,在深海的黑暗中这两种巨大的生物(抹香鲸是重达70吨的大块头,鱿鱼的身体有9米长,能够缠绕，勾住他物的臂将全身延长到大约 15 米）所进行的战斗。

巨大的鱿鱼生活的最大深度还不能确切地知道。但是有关抹香鲸入海的深度（假定是在搜寻鱿鱼）却有一条很有启发性的证据。1932年 4 月，一条修理电缆的船"全美洲"号正在调查位于运河带的巴尔博亚与厄瓜多尔埃斯梅拉尔达斯之间海下电缆明显断开的情况。电缆被捞起到哥伦比亚海岸外的水面上，缠绕在上面的是一条死了的 14 米长的雄性抹香鲸。海下电缆绞在它的下颌上，并缠绕住它的鳍状肢、躯干和尾部叶突。这个电缆是从 988 米深处打捞上来的。

海洋动物的颜色以很奇特的方式总是与它们生活的地带有关。水的表层中的鱼类，如鲭鲨、鲱鱼常常是蓝色或绿色的。僧帽水母的浮囊和游水蜗牛淡蓝色的翼也是那种颜色。如果在硅藻和漂浮的果囊马尾藻草之下，水在那里变得更为深的显眼的蓝色，许多生物变得水晶般透明。这种玻璃质的，鬼魅般的形体与周围环境混合在一起，使得它们很容易躲避不断出现的饥饿的敌人，例如透明的矢虫或箭虫群，栉水母和许多鱼类的幼虫。

在 300 米处以及一直到太阳射线的末端，银鱼是很普遍的，许多其他动物是红色的、棕褐色或黑色的。翼足动物是暗紫色。箭虫，它们在上层水的亲戚是无色的，在这里是深红色的。水母的伞盖体在上面会是透明的，在 300 米深处是深棕色的。

在 450 米更深的地方，所有的鱼都是黑色、深紫色或棕色的，但是对虾却有着红、绯红、紫红等缤纷色彩。为什么是这样？没有人讲得出来。因为在这个深度以上所有的红光线都从水中滤掉，这些生物的绯红色的服饰对邻居来说只能呈现出黑色。

深海有着它的星星，或许这里那里有一种与月光相当的怪异的易逝的东西，因为这种神奇的发光现象或许是由半数生活在微弱有光或黑暗海中的鱼，以及许多较之低下的生物发出来的。许多种鱼都带有按着意愿来开关的发光的火把样的东西，大概这有助于发现和追逐猎物。其他生物在身体上有几排发光体，其形式随着物种而变化，这可能是一种辨别的标志和证章，以此可以判别佩带者是朋友还是敌人。深海鱿鱼可以喷射出液体，它会变成发光的云雾，这是它浅海亲戚（喷出）的"墨汁"的对应物。

在连最长、最强的太阳射线都达不到的深处，鱼的眼睛变大了，好像最大程度利用不论什么样的偶然的光亮，或许眼睛可能变成望远的大透镜而突出。在深海中，鱼总是在黑暗的海水中搜寻食物，眼睛就会失去"视锥"或者说视网膜中感知色彩的细胞，而增加能觉察到微弱光亮的"视网膜杆"。在陆地上，对严格地在夜间四处觅食的兽类身上，可以看到确切相同的改变，它们像深海中的鱼一样，从来看不到阳光。

在它们的黑暗世界里，看来很有可能某些动物会成为瞎子，正如某些穴居动物的情况一样，许多动物作为对没有视觉的补偿，有着发达得惊人的触觉器官和又长又细的鳍，可以用来搜索前进，像许多盲人用手仗一样。它们是通过触觉获得有关朋友、敌人或食物的全部知识的。

远离生命的发祥地，深海很有可能是在相对短的时间才被生物所居住。当生物沿着海岸的水表层，或许还有江河和沼泽发育、繁盛时，地球上两个广袤地区禁止了生物的入侵，这就是大陆和深海渊。正如我们已经了解明白的，水中的殖民开拓者首先征服了陆地上生存的极为艰难的环境。海渊，它有着无穷尽的黑暗，有能压碎（生物）的压力和冰河般的寒冷，呈现出更难以克服的困难。很有可能，在稍微晚些时候，至少是较高级的生命形式才能成功地侵入这个地区。

五、宠物恋歌

人狗之间

赵丽宏

踏上美国土地之后看见的第一块标语牌，竟然就和狗有关。

那是旧金山机场。下飞机进入候机厅，在自动行李传送带边上等行李传出来。左等右等不见行李出来，不免有些无聊，于是便东瞻西顾起来。只见环形的传送带中间，赫然竖着一块黑白色的标语牌，上面是这样一行文字：

Our dogs don't bite（我们的狗不咬人）。

附近并没有看到狗的踪影。这标语牌有些怪。我们 4 个中国作家一起对这标语牌研究了半天，无法探知它究竟意味着什么。连对狗有研究的小说家树棻也看着它摇头了。

到洛杉矶以后，一位美国朋友为我们解开了疑团。原来，机场里驯养了一些受过特殊训练的狗，能闻出行李中的毒品，行李从自动传送带上出来时，几条狗便守在一边逐一闻过去，发现毒品时就叫起来。警方常常靠这些狗捕获贩毒分子。大概那几条高大的狗相貌凶猛，惟恐使乘客受惊，机场里才竖起这样的标语牌。不知为什么，我们这架班机的行李没有受到警犬的检查，所以我无从欣赏它们执行任务的情景。

"在美国，狗很有地位呢！"那位美国朋友笑着告诉我们。

一进入市区，我就对美国朋友的话有了感性认识，街上处处能见到狗：狼狗、猎狗、牧羊狗、狮子狗、哈叭狗……形形色色的狗，在形形色色的人手中牵着：蹦蹦跳跳的孩童、嘴里嚼着口香糖的少女、板着面孔目不斜视的太太、步履蹒跚的老人……狗在马路上大摇大摆地走着，俨然是这个世界的主人。很奇怪，尽管到处是狗，我在美国却似乎没有听见过一声狗叫。大概这里养狗的第一要点，便是训练不随便乱叫，否则，狗的叫声恐怕会压倒一切市声。

在一家商店的门口，我看见这样一条标语：

I love my dog（我爱我的狗）。

在一些轿车的后窗玻璃上，我也看见了这样的标语。有的爱狗者更浪漫，把这条标语改造成：I ♥ my dog，用一颗红色的心代表 love，以表示他对狗挚爱的程度。我发现，这经过改造的标语，是用彩色的塑料制成，看来是哪一位别出心裁的商人投爱狗者所好，成批生产了这种标语牌。

走进一家超级市场，靠门的一排货架便是狗食专柜。狗食的丰富和考究，实在令人眼花缭乱，罐装的、瓶装的、塑料袋装的，花花绿绿堆满了货架。据说，还有专门为狗开设的百货店和服装店，可惜我未能找到。

热爱生命，保护动物，在美国是一种美德。在街道和花园里，常常可以看到一些小动物悠然自得地在那里散步觅食，决不会有人去惊扰伤害它们。最有意思的是那些鸟类，成群结队地在人来人往的场地蹓跶。你若有兴致，只要用一把面包屑，可以引来一大群鸽子，它们甚至能飞到你的膝头啄食，跳上你的肩膀拉屎。在海滨，生性孤傲的海鸥们也丝毫不惧怕人类，赶海者若是不小心，很有可能踢到一只正在脚边蹓步的海鸥……对我们这些初到美国的中国人来说，这种景象确实新鲜，也令人羡慕。而在美国人眼里，这是再自然不过的事情。

狗类的地位，当然在那些兔鼠鸦雀之上了。听美国朋友介绍，美国各地都有爱狗者和保护狗的协会，谁要是虐待狗，舆论不容，法律不容。有人说，美国的狗，简直就是仅次于人的社会成员。此说并不过分。在一个街心花园里，我看见一个四五岁的小女孩和一条白色的牧羊狗嘴对嘴分食一块冰淇淋，小女孩笑着叫着把狗搂在怀里，亲昵之状既动人又惊人。可见美国人自小便有了这种观念：狗是人类可亲可爱的忠实朋友。

我也遇到过讨厌狗的美国人。在洛杉矶，接待我们的美籍华人徐钰女士就极讨厌狗。以前她家里从不养狗，可等有了儿女，矛盾就来了，一个女儿和一个儿子都发疯似地迷恋狗，老是缠着母亲要一条狗，10多岁的女儿几乎是哭着求母亲。徐钰女士个性极强，不会轻易向女儿妥协，她对女儿说："这个家里有我在，决不许养狗！"女儿锲而不舍，依然缠着母亲，徐钰于是问道："要狗就不要母亲，要母亲就不要狗，你是要狗还是要母亲？"女儿稍加思索后说："要狗，也要母亲。"我们到美国的时候，徐钰女士的女儿已长成大姑娘，她总算实现了夙愿，养了一条狗，形影不离地带在身边。那天我们在徐钰女士家叙谈时，正好她女儿开了一辆轿车来看母亲，车门一开，先跳下一条金黄色的长毛狗，尽管女主人皱起了眉头，可不得不接待女儿带来的这位贵客。女儿也想得绝，进屋见了母亲，拍着长毛狗的脖子说："叫，快叫 grandmother（外婆）！"

狗的聪明机灵，人所共认，这当然是美国人爱狗的原因之一。在人们的驯养下，狗的能力简直到了难以相信的地步。墨西哥大地震之后，一些赶去救灾的美国专家带了几条敏捷勇敢的狗，在被震坍的楼房废墟中，这些狗救出了不少压在瓦砾堆中的幸存者。

美国人认为，在动物中，狗是最通人性、最懂感情的，它们对主人忠贞不贰，决不会见利忘义，抛弃主人。也许，这种品德在人群中也是一种稀珍，狗能如此，当然要受到人们的青睐了。

对那些残疾人，狗的作用确实了不起。一个盲人牵着一条狗走在马路上，就再也不用担心安全问题。过马路时，聪敏的狗辨认红绿灯，遇到红灯，狗会拽着主人在路边等候；假如有强徒想抢劫，狗会奋不顾身保护主人。在美国，也有不少"义犬救生"的传说。譬如一位孤苦伶仃的老太太，病倒在床上不省人事，幸亏她养的一条狗越窗而出，用令人心碎的哀叫引着人们前来救出了它的主人。一位朋友向我陈述了他亲眼所见的一幕：在纽约的地铁里，一条狗带着他的主人——一位盲姑娘上了车。车厢里设有残疾人专座，但此时专座被一对热恋中的青年男女占据，两个人在众目睽睽之下忙着搂抱接吻，全然不理会在一旁站着的盲姑娘，车厢里的乘客居然都无动于衷。没有人愿意管这种闲事。对面有一位坐着的老妇看不过去，站起来招呼盲姑娘入座。盲姑娘摸索着准备走过去时，她的狗却蹲着一动不动。自上车起，那狗便目不转睛地盯着占据了专座的这一对男女，他们的行为使它感到不可理解，也许，还燃起来了它的怒火。终于，它忍不住冲着那一对男女愤怒地狂吠起来，其声调之激昂粗野使闻者丧胆，那一对男女吓得跳了起来。若不是那狗的主人盲女厉声斥责，这条凶猛的狗真会冲上去用利齿发泄完它的义愤呢！

以前在国内谈到一些以嘲讽的口吻谈美国人养狗爱狗的文章，我以为未必公允。如果为了配合我们国内不许城里养狗的规矩，非要总结几条美国人爱狗引起的弊端，我看大可不必。因为国情不同嘛！

爱猫癖

［美］J.D.里德

英国作家塞缪尔·约翰生每天都要用新鲜的牡蛎肉喂养被他娇惯坏了的伴侣——小猫"霍奇"。法国作家雨果也养着非常珍爱的猫"加夫罗奇"。红衣主教黎塞留为他的14只猫留下了一笔慷慨的遗产。拿破仑据称见到猫后曾冷汗涔涔。在俄国作家陀思妥耶夫斯基的小说《卡拉马佐夫兄弟》中，斯摩德亚科夫幼时喜欢把猫吊死。英国的作家哈代和诗人葛雷写有关于猫的诗篇。美国作家海明威和他的小猫共进晚餐。医生兼学者艾伯特·施韦策为了回避人世的苦难总爱做两件事：弹奏风琴或是玩猫寻找乐趣。

早在5000年前，猫已经被人类驯化。古代埃及的艺术中就已经有了猫的形象。但究竟是人类驯化了猫呢，还是猫决定同我们一起生活？这是一个十分有趣但难以回答的问题。这个问题并非是在我们这个时代才提出来的，某些古埃及人就不愿把猫当作世俗动物看待，他们举行隆重的葬礼把死去的猫长埋地下。1888年，一位农民在贝尼哈桑无意中挖掘出一座古代"猫墓"。墓中埋着成千上万个猫木乃伊，有的旁边还供着涂有防腐香料的老鼠，为猫上天后享用。工人们把木乃伊拆开，将19吨猫骨头卖给英国，做了化肥原料。

公元10世纪，猫开始成为人的捕鼠动物。威尔士人规定，一只有捕鼠经验的猫的合法价格为 4 便士，等于一只羔羊的价钱，这是很令人吃惊的。到了 17 世纪，猫开始为人做坏事了。1699 年在瑞典莫拉城，300 个儿童被指控利用猫来偷窃黄油、奶酪和咸肉。其中 15 个儿童被判死刑，还有 36 个儿童在整整一年里，每个礼拜天都要在教堂门前挨上一顿鞭挞。18 世纪中叶，猫才再次受到人们的宠爱。普鲁士国王腓特烈大帝对猫异常赏识。把这些小动物编成他的军队仓栈的正式卫队，并颁令被征服的城市为他的"猫卫队"提供配给。工业革命使中产阶级得以壮大，同时也使得猫再次为社会所接受，在鼠疫猖獗的城市中捕捉老鼠。人们还在散文和流行歌曲中盛赞这个小动物。

今天，在美国出现了一股"养猫癖"。美国全国共有 3400 万只猫，比 10 年前增加了 55%。24% 的美国家庭养猫，其中有的平淡无奇，有的品种名贵，有的受人宠爱，有的为人忽视，有的在谷仓里捕捉老鼠，有的是卧室中的珍物。与此同时，美国狗的总数最近几年比较稳定，保持在 4800 万只左右。猫还是美国经济的一个因素。养猫的人家购买 100 万吨的猫食品就要支付 14 亿美元。这种食品经过加工制成，主要成分是大豆、玉米和小麦。

美国 80% 的猫是短毛杂交品种，价格低廉。但最为名贵的阿比西尼亚猫以及其他 33 个公认的名种每只可高达 3000 美元。1981 年，美国举行一届 400 只猫的展览会，估计 1982 年猫展的数目可达 450 只。

在美国，不但有关于猫的动画片、书籍和连环画，而且印有可爱的小猫形象的商品，从洗脸巾、瓷花盆、年历、口杯、手表、雨伞、紧袖衫，到文具和家用器具都很畅销。伊利诺斯州专门有一所玩赏动物汽车"游客"旅馆，猫"游客"住一天要用 6.50 美元。加利福尼亚州现在还开设了猫游览胜地、猫百货公司、猫疗养所、租猫店、猫婚姻介绍所、猫心理研究处。纽约普拉特学院的 45 岁总工程师米尔斯和他的妻子甚至在家里开了一所"猫孤儿院"，收养着 40 只无家可归的野猫。

猫的平均体重约为 4500 克，它的脊椎的柔韧性是独一无二的。猫在头朝下离地不到 30 厘米高处坠下时，竟能在 1.8 秒钟内用爪子着地。猫的胡须能把关于捕获物和周围环境的复杂情况传送到皮下的神经束。一位灵学家甚至认为，猫具有超感官知觉。

猫的耳朵对于声音，尤其是地下的搔爪声，异常敏感。猫具有自身清洁能力，它的唾液中含有某种防臭去污物质。

猫的脑结构和神经系统也非常特殊。猫的脑子也分为两部分，这对于人类左半脑、右半脑的研究提供了有益的线索。猫的高度发达的"逃跑或搏斗"的神经决策系统对于研究人的反应可能会有参考价值。猫的医学研究价值使得美国每年都有成千上万只猫用于实验。尽管科学家们仔细研究了猫的脑结构，但究竟猫为什么要发出低沉的"喵喵"声，依然是一个不解之谜。

（普康民　译）

让小黑猩猩回家

[法] 简·卡特

大清早，我和3只缠住我的热乎乎的小黑猩猩莉莉、莱基和达什一起乘上汽车。3只猩猩透过车窗，惶惶不安地凝视着非洲的村庄及冈比亚的植物。

一下汽车，我们看到面前是一群岛屿，不久前被指定为冈比亚的自然保护区。其中最大的是猴岛，"拯救黑猩猩计划"委员会把这个岛屿拨给我们使用。

夜幕降临时，我钻进了简陋的小屋，感到精疲力竭。我躺在床上，耳朵里传来河马低沉的叫声，接着是鬣狗的叫声，两只动物都离我的营房很近。尽管正值旱季，可屋顶上却有水滴落到我的身上，我听到黑猩猩惊恐的叫声，它们蜷缩在营房的屋顶上，正好在我的头顶。它们一听到野兽的吼叫，就惊醒了，它们的反应是大小便。第二天早晨，醒来时，我发现自己的被单和衣服都被尿浸透了，我抬起眼睛，看到3只猩猩搂抱在一起，酣睡在我的帐子上面。我心里在想，我将在这儿呆上4年！

达什、莉莉和莱基是母猩猩捕获后生的或者是幼年时被捉来的9只黑猩猩中第一批被放回岛上的。卡伦、马蒂、盖扎和基特是在塞拉利昂被逮住的。本想把它们卖给马戏团和动物园，却在送往荷兰的途中被没收了。荷兰的公民捐赠了送它们回非洲的路费。以后还要把露西和玛丽安送去，露西和玛丽安这两头黑猩猩是从美国来的，学过聋哑人的手语。

黑猩猩的童年期很长。母猩猩与哺乳的小猩猩之间的联系是长久而牢固的，因此小猩猩独立生活的能力发展得很慢。猩猩到13～15岁成熟后仍和母猩猩保持着这种关系。幼猩猩从观察它们的母亲和猩猩群的其他成员的行为中学会独立生活。这些放回大自然去的小猩猩，就必须有人教它们，并给它们作示范。

在放到猴岛上以前，它们应该熟悉气候和野生食物，在某些情况下还应该习惯于和它们的同类联系。冈比亚的阿布科自然保护区是最初训练的地方。基础训练是让它们发现食物、筑窝和躲避鳄鱼、蟒蛇、豹等猛兽的袭击。

我要教会它们吃青果子、叶子、树枝、花及树皮。黑猩猩对试吃新的食物感到厌恶，因此对它们这方面的再教育有点复杂了。为了引导它们吃这些东西，我给它们作示范。我满怀信心地努力扮演自己的角色，爬上一枝较低的树杈，摘下嫩叶就贪婪地吃了起来，一面发出满意的声音，表示嫩叶十分可口。在家里饲养过的猩猩是比较难说服的。它们好奇，但犹豫不决。特别是莉莉，叫它把树叶作为日常的食物非常困难。我吃了一口，它就扒开我的嘴仔细察看。为了鼓励它吃树叶，我就像雌猩猩喂小猩猩那样，把嚼碎的树叶从自己的嘴里送到它的嘴里。

将近8个月之后，莉莉才吃了第一片黑猩猩认得出并本能地食用的叶子。在几个月中，每当它们找到了一种新的食物，它们一般总是先把这种食物给我，像是让我尝一下。开始时，所有的黑猩猩都得到一份丰盛的补充食品，直到我确信当地有足够的天然食物时才终止。它们渐渐地善于自己找食物吃，我也逐渐减少给它们吃补充食品的数量。

许多野生食物长在很高的树枝上，我够不着。黑夜，所有的黑猩猩都睡着时，我就偷偷摸摸地出来把成熟的果子绑在较低的树枝上，让它们看到了，自己摘来吃。猴面包树是黑猩猩的一种重要食物，它们开始吃它的果实、花、树皮和树叶。

它们看到过窝里的蛋以后，就更加积极地去寻找这一新的食源。昆虫尤其是蚂蚁和白蚁是野生猩猩的重要食物之一。达什作出了榜样。一天，达什、莉莉和我一起出去散步时，看到了一个蚂蚁窝。我看到达什停了下来，折断了一根树枝，摘去叶子，漫不经心地把树枝伸到蚂蚁窝里。抽出时，见树枝上全是蚂蚁，就赶紧吃了起来。几天后，我决定模仿它，希望我和达什这两个榜样能促使莉莉去试试。木棒一插进蚂蚁窝，兵蚁就立刻爬到上面，并用可怕的上颚咬住。我尽快把布满蚂蚁的一头塞进嘴里，咀嚼后把蚂蚁咽了下去，并竭力用一种勇敢的微笑来掩饰害怕被咬的心理，目的是引诱莉莉模仿我。一天，达什和我"钓"蚂蚁时，莉莉捡起了我们的一根木棒，插进洞里，由于握的部位太前面了，就把前肢也伸了进去，结果又被咬了，第二次尝试也失败了。

每年我得回美国去为这一计划募款。我没有助手，只得让那些黑猩猩独自留在岛上。我不能找到新的工作人员。如果出现除了我以外的其他人，会在猩猩的行为中引起重要或微妙的巨大变化。当它们的身体长大，小群结构形成的时候，它们就更易攻击突然出现的人们。

野猩猩有威胁性，但很少攻击人。尽管我几年来与它们接触频繁，但仍然不能避免它们对我进行身体上的攻击，尤其是在我每次长期离开回来后。我返回后想要恢复以前的地位，就成了年龄最大的那些猩猩的进攻对象。最大的猩猩有时打我，有一次玛丽安把我推到一棵树上。我的权威逐渐减弱。

　　我必须接受的一次最困难的挑战，是教会黑猩猩用枝叶在高树上筑窝，就像野猩猩每天晚上所筑的那样。

　　在岛上，我的小屋就是安全。它们呆在屋顶上是因为这样能靠近我，而且方便。为了鼓励筑窝，也为了使我的物品和身体保持干净，我就在屋顶上铺了瓦楞皮板。我没有料到这竟给我带来额外的麻烦。猩猩立刻被这新的屋顶所吸引，每天早上，它们用脚不断地踩着铁皮发出了巨响。几天以后，我把荆棘和带刺的树枝铺在屋顶上，这样就取消了它们习惯的睡觉地方，使它们不得不爬到树上去筑窝。

　　当露西和玛丽安到达时，黑猩猩自己筑窝已有好几个星期了。在它们来到之前，我在离地面 3 米高的地方用木板建造了平台，平台在离我六七米远的地方。我希望露西和玛丽安不要睡在地上，而是睡在平台上。我很快发现，给它们灌输在树上筑窝的概念并不容易。

　　露西在岛上的第一夜是很难过的。它不能到我的小屋来睡，就边哭边叹气地靠在铁丝上坐着。过一会儿，它轻轻地把屋顶上带刺的树枝拿掉，以便腾出一块地方睡觉。我明白它需要安全，可是其他 4 只猩猩也学起它的样来。露西显然对平台缺乏兴趣。我决定改变它的想法。于是，第二天我用铁丝把荆棘牢牢地捆在屋顶上。那天晚上我把树枝拖到平台上，开始做起窝来。我一面发出满意的叫声，一面装出埋头工作的样子，不去注意其他的猩猩。最后，露西爬上平台和我一起睡觉。我和它一起睡了 1 小时之后就溜走了，但露西也跟着我走了！

　　很清楚，如果我要说服它，就必须和它一起在平台上睡一整夜，但这样一来，毛茸茸的躯体一个接着一个地悄悄靠到我的身边。天黑后 1 个小时，已经有 5 头黑猩猩和我一起挤在 1.3 米见方的平台上。

　　这时，我在大部分地方绑上荆棘，只空下它们两个身体的位置。然后，我在旁边的树上为自己筑了个窝，故意做得很不舒服，使露西和玛丽安不想离开平台。然后我就开始等待。因为在它们边上没有位置，其他的猩猩就爬到树顶给自己筑窝。

一天，我把平台拆了，焦急地等着看露西和玛丽安将怎么办。第二天早晨，我发现露西、玛丽安和马蒂正在以前支撑平台的树干的树杈上酣睡。

我想，从平台过渡到自然的窝应该更加循序渐进。因此，我在同一个地方用人工做了个树杈，说服玛丽安和露西睡在那儿。随着时间的流逝，它们就接受了。几个月以后，当它们每天选择地面上的这个地方睡觉时，我就把这个树杈拆了。这一次的失败更加严重。露西和玛丽安干脆就睡在地上。我开始失望了，感到一筹莫展。

这时，出了一件事，使我懂得了让猩猩习惯于筑窝是刻不容缓的。一天早上，我发现露西眼睛肿得什么也看不见了，而且还有高热，耳朵后面的淋巴结肿得像网球那么大。经过医治，4 天以后，肿才消退。

我最后的办法是让它们对睡在地上过夜产生一种自发的恐惧感。我把闹钟开到半夜 12 点，到时候毫无声响地出去，在老地方找到了玛丽安和露西。我偷偷地走近它们，用钳子钳住一大块皮，使它们感到是野兽在咬它们，让它们吓得不会忘却。我终于成功了！不到一星期，它们俩全都睡到树上去了。

1979 年，从荷兰送来的几只猩猩到达后不久，我的负担减轻了。我向这群猩猩介绍了两只年幼的雄猩猩马蒂和盖扎，它们都是 3 岁。那时，玛丽安和露西都已成熟，很快就各自收养了一个小孤儿。这两个孤儿得到了它们所需要的一切照料，而玛丽安和露西也就有机会实践它们母亲的本能。

把捕获的黑猩猩放回大自然，尽管是有争论的并且是困难的，但是，这是拯救这种动物的唯一办法。我在猴岛上的工作还未结束。我至少还要用 1 年左右的时间来继续观察岛上的环境，以便确信在每年两个月的旱季中，岛上有黑猩猩赖以生存的足够的天然食物。

露西一面在 25 米之外的弓形树丛里翻弄，一面时常看看我。有时，它拿了两三只果子或摘下两三片叶子，爬下树来，一只手臂勾着我的脖子，很灵巧地把它平常吃的一种食物放在我的嘴里。当它带领这群猩猩朝一个新的地方走去时，我感到自豪和宽慰。现在是它们带领着我，而我跟着它们。我不再是它们野生生活的动力。我不再与它们进行感情上的接触了，这种接触在开始时是极其必要的。然而，我不能否认，当我们越来越疏远时，我内心深处有一种痛苦的孤独感。

（吴慧玲　译）

我带着幼狮旅行

〔奥地利〕乔伊·亚当森

　　我们旅行的目的地是卢多尔夫湖。这一片带有咸味的湖水，长度达290千米，一直延伸到埃塞俄比亚边境。这次旅行需要七个星期的时间，而且大部分要靠步行，行李只有能驮在驴和骡子身上。对我们驯养的幼狮爱尔莎来说，这还是头一次和驴儿一起徒步旅行，但愿它们能够和睦相处。参加这次旅行的成员形成一个不小的集体：我丈夫乔治、我和爱尔莎，还有从附近的一个管理地域来的狩猎督察官朱利安，以及上次与我们一同到海滨避暑的客人哈佛特，此外还有狩猎帮手、佣人、司机等等，再加上准备喂爱尔莎的6只羊、驮运行李的35头驴和骡子，可真是一个庞大的部队了。驴队比我们早出发三个星期，我们乘汽车走了近500千米，与他们约好在湖边会合。

　　我们的汽车队威风凛凛地出发了。两辆吉普和我那辆一吨半的卡车，后面还有两辆载重3吨的大卡车。因为这次旅行不但人数多，还必须带上够几个星期食用的粮食和燃料，还有300多升的水。最初的480千米完全是在炎热而尘土飞扬的卡伊士特沙漠中行驶。接着，迎面而来的是耸立在沙漠中的马尔萨比特火山。我们循着这座高达1300多米的火山的缓坡驱车渐渐向上驶去。一路上都是长满了苔藓的森林，有时还笼罩着迷蒙的雾气。这里和下面那炎热的焦土世界。可真是形成了鲜明的对照。

森林里是野兽的乐园，到处都可以看见成群的大象，恐怕跑遍全非洲你也再找不出比它们更美丽的长牙了。另外还有无数的犀牛、水牛、狮子、大羚羊和一些小型动物。这里是我们最远的一处猎兽管理区了。

我们终于走上了这次旅行途中最艰难的一段——哈利山区。这一片地势实际上比马尔萨比特火山还要高的山区．形成了埃塞俄比亚的国境线。这里非常荒凉、干燥，强烈的疾风在山坡上永无休止地吹着，也许是由于这股风的影响，山里没有林木。爱尔莎也被这哀号般的风声弄得不知所措。夜晚她不肯下车，在卡车上缩成一团睡觉。卡车上盖着帆布，多少可以抵挡一下那冰凉的疾风。

乔治到这一地区来的目的，是为了调查附近的动物状况，并查看有没有盖布拉族偷猎者的行踪。他在这一带巡视了两三天之后，我们又改道向西进军。前面是一段非常难走的路，一会儿是乱石滚滚的山坡，一会儿又是泥沙松陷的河床，我们的车队挣扎着前进。爱尔莎的忍耐性很好。

这里叫做查尔比沙漠，过去曾经是个湖，现在水完全干涸了，露出了湖底，全长有 130 千米左右。虽然是沙地，但却坚实而平坦，汽车可以在上面全速行驶。这一带的奇观是海市蜃楼。空旷的湖泊，水面上反映着茂密的棕榈树，这种美丽的景色会突然浮现在前方。待你接近时，它又消失得无影无踪了。有时，在那云霭缥缈的湖面上，还可以看见羚羊在那里走来走去，但它们的个儿变得有大象那么大。查尔比沙漠的西端，是诺斯荷尔绿洲。这儿有警察的派出所，楞第尔族饲养的上千头骆驼、绵羊、山羊也为寻求水源而汇集这里。每天早晨，那些东一处西一片的水洼旁，都聚集着大批的鸟群，有时竟达上万只之多，构成了诺斯荷尔绿洲的独特风光。在诺斯荷尔绿洲我们没有什么别的事情要做，装上饮用水后，就又向卢多尔夫湖进发了。

经过 370 千米历尽艰辛的长途跋涉，我们终于到达了位于卢多尔夫湖南部的罗扬加兰，这是一块有着繁茂的棕榈树和清凉的泉水的绿洲。比我们先出发的驴队就在这里等着。这儿离卢多尔夫湖只有 3 千米路，我们立即带着爱尔莎前往湖边。

湖里到处都是鳄鱼，但爱尔莎全然不顾，为了洗去旅途中的污浊，它只身跳进了鳄鱼群中。幸好，这里的鳄鱼对爱尔莎的莽撞行为采取了宽容态度。但我们还是设法把它们赶走了。在这次旅行中，我们经常看见长着满身鳞角的鳄鱼，有的趴在路旁晒太阳，有的浮在水中。我们到湖里洗澡时也不得不随时留神，这些鳄鱼无论如何都不会是我们愉快的伙伴。

我一直在为爱尔莎和毛驴的关系而担心，因而在开始整理行装并往毛驴身上捆东西时，就把它拴了起来。那些毛驴为了逃避负载太重的东西而到处走来走去，那些非洲佣人又吆喝着把它拉回来。爱尔莎望着这种情景兴奋得不得了。

大队一清早就走了。我们到下午凉爽一些时才带着爱尔莎出发。我们沿着湖岸向北前进。一路上爱尔莎像一只小狗一样在我们中间蹦来跳去，一会儿看见成群的火烈鸟就飞跑过去追一阵；一会儿听见灌木丛中有什么可疑的声音又蹦跳着窜过去看个究竟；我们开枪打死了一只野鸭子，它便立即跑过去把它叼回来。它一会跳进湖水里去洗澡。这时我们当中必定有一个人为它持枪守卫着，以防遭受鳄鱼的袭击。后来，我们又碰见了一群骆驼，这使我们不得不再一次把爱尔莎用铁链子锁起来。爱尔莎对这些新奇的伙伴们特别感兴趣，它像发了疯一样狂暴地扯着链子大闹，我觉得抓着链子的胳膊都快被她拽断了。但不管爱尔莎闹得多凶，我也不能松手，因为我不愿意看到这些骆驼受到折腾。否则的话，这群骆驼肯定会被闹得喷着吐沫吼叫，互相冲撞、践踏，陷入一片混乱之中，爱尔莎是会越闹越兴奋的，要不是我坚持到底，它准会闹出这样一场不可收拾的大乱子来。幸好，在向北前进的途中，这群骆驼是我们沿着湖边界前进中遇到的最后一群家畜。

我们在喝茶时商量了一下，决定今后每天一早由狮子队先出发。也就是说，乔治和我，再加上爱尔莎、努鲁和担任向导的土著，我们这些人乘着凉爽先走。而驴队则在我们的后面收拾帐篷装载好贷物后跟上来。这样一来，驴队和我们之间可以保持一段距离，免得我们一次又一次地把爱尔莎给拴起来了。到 9 点半日头渐渐高起来时，我们可以找一处凉快的树阴一边休息，一边等后面的驴队赶上来。毛驴来到我们附近的树阴中，边吃草饮水边休息，恢复一下体力。不用说，这时爱尔莎是被铁链子拴起来的。下午，我们可以调换出发顺序：驴队比我们早走两个小时，以便日落以前他们可以在宿营地搭好帐篷。后来，在一直到达目的地之前，我们都采取了这种办法。事实证明，这种办法的效果很好，因为它可以使爱尔莎和那些毛驴分开，只有在中午体息时才在一起，那时爱尔莎虽然是用链条拴住的，但这正是它最要睡觉的时候。

在这些天的徒步旅行中，我们也渐渐摸到了爱尔莎的体力和精神状况。它平均一天行走七八个小时，而且常常连跑带颠地迈着轻快的步伐。它还喜欢泡在湖中洗澡，往往就在离鳄鱼只有约 2 米的地方泰然自若地游着，弄得我们提心吊胆。只要它一下水，无论我们怎样喊叫也很难使它上岸。一般的情况，等我们赶到宿营地时总是晚上八九点的时候了，驴队的人们燃起了大堆的篝火，以便我们在老远的地方就能看到帐篷的所在地。开始向北挺进的第二天，我们告别了这一地区的最后一处有人居住的地方。

最初 10 天，我们总是沿着湖岸前进。在看不见湖水的地方，到处都是连绵不断的熔岩组成的单调景色。风化了的熔岩，有的细得像砂子，有的又锋利得像小刀子，它们折磨着我们疲惫的脚板，使我们不断地摔倒。我们脚步蹒跚，一步三晃。热风夹着砂石毫不留情地打在脸上，使我们常常由于突然的眩晕而停下脚来。这一带几乎没有什么草，只有在红褐色的熔岩之间偶尔能看见一两株荆棘之类的植物，可它们的叶子却像刮脸刀片一样锋利，一不留神碰到它，就会给你拉出一道道血口子来。为了保护爱尔莎的脚掌，我必须经常给它涂些油膏。看来爱尔莎完全理解我的意思，对此感到很高兴。到了中午，我总要把折叠床支在树阴下睡个午觉。尽管这比地面高不了多少，但总算暂时离开了那些锉刀般的石子，可以好好舒服一下了。机灵的爱尔莎也看出了这一点，只要我一拿出叠床，它便立即跑过来和我一起躺在上面。要是它想着给我留一小块睡的地方，那还好，有时爱尔莎竟把整个身子都伸开平躺在床上，我就只好坐在一旁等它醒来了。不过大多数情况下，我们还是各占一半，但这样一来，我还是担心这张床会不会由于我们两个的重量加在一起而压坏呢？

一天傍晚，我们迷了路。等我们找到驴队的篝火，终于到达宿营地时，已经是深夜了。爱尔莎看上去已经相当疲倦，我想它也许很快就要睡着了，便没有用链子拴住它。可万万没有想到，半夜里，它突然猛地起身窜到旁边用荆棘围起的驴圈中去了。毛驴们正在休息。爱尔莎破围而入直扑驴群，那样子完全像个野生的狮子，使我不禁大吃一惊。

驴圈里顿时响起一片绝望的惨叫，驴儿纷纷突围而逃，待我们好不容易把事情平息下来的时候，它们已经大部分都四处逃散在黑暗之中了。幸好，爱尔莎很快就被抓住了，这回我下狠心，痛打了它一顿。爱尔莎好像很快就明白了自己挨打的原因，它蜷缩着身子，显出非常过意不去的神情。归根到底，发生这件事情的原因还是在于我过低地估计了爱尔莎的本能和驴群对它的诱惑。特别是在夜晚，猛兽的狩猎本能正是最旺盛、最活泼的时候。

卢多尔夫湖里鱼多得令人难以置信。随我们而来的狩猎帮手们不知为什么都喜欢样子极难看的鲶鱼。这种鲶鱼常呆在水浅的地方，用棍棒或石头就可以轻而易举地打到。爱尔莎也喜欢和那些狩猎帮手们一起在浅滩上捕捉鲶鱼。等他们用石块把鱼打昏了之后，它便立即跑过去把鱼叼回来。但它每次总是一上岸就故意把嘴里的鱼甩在沙滩上，皱起眉头，像个孩子似地做鬼脸。

卢多尔夫湖北部有个叫阿丽亚的湖口，那便是我们此行的目的地了。在到达那里之前，我们必须翻过隆贡德特那段漫长的山地。有些地方陡峭的断崖笔直地往下伸到湖水中去。驮着行李的驴队只好绕道内陆，从山势稍微平缓一点的地方过去。我们狮子队是轻装，就继续沿着湖畔险峻的道路前进。途中有一处几乎使我们陷入了困境，因为爱尔莎在这里绕来绕去，不敢向前。它只有两种选择：要么从这4米多高的悬崖上跳到下面浅滩中去，可是立足点都是一片沉积土，它的爪子无法使劲；要么从另一块同样陡峭的岩石上滑下去，可是那岩石脚下都是泡沫四溅的浪花。其实，水深也只不过和它的身高差不多，只是那浪花汹涌的样子看来有些可怕，因而使它不知所措。它在岩石的几处隆起部分试了一下，然后就拼命拖着脚步往下走去，最后才勇敢地纵身一跃，跳进了水中，在我们的哄诱之下，终于到达了岸边。它为自己的成就高兴得什么似的，那种由于取得了我们的欢心而感到骄傲的样子，我们看了也非常感动。

一天下午，我们远远地跟在先行的驴队后面，在森林中走着。爱尔莎像和我们捉迷藏似的在灌木丛中窜来窜去，一会儿又躲到里面不见了。就在这时候，那里突然传出一声令人毛骨悚然的绝叫，随着一阵急促的蹄声，里面逃出来一只毛驴。爱尔莎紧跟在它后面扑打着。好在森林里树本很密，要想穿越过去并不容易，我们很快就追上了那匹毛驴，同时把爱尔莎揍了一顿，给予了应得的惩罚。使我非常吃惊的是，爱尔莎平时总是很听从我的命令，对其他的动物，不会像今天这样穷追不放的。

我同骆驼一起登台

盖叫天

我年轻时爱养动物，有些是我为了演新戏，戏中需要这样的动物出现，于是花了不少功夫把它们训练驯服了，上台穿插在戏里，现在回想起来还怪有意思的。

据说古时候杭州有位独身雅士，种梅养鹤，说是"梅妻鹤子"。我想把它编一出戏，"梅妻"容易办，可是哪来这么一只玲珑听话的仙鹤呢？为了想演好这出戏，我终于养了一只鹤。

这只鹤后来居然给我养熟了，尽管在外四处飞翔，总能认得住所，落到自己家里来。有时它随着我飞到紫云洞、灵隐，再飞回来。四周的乡邻都知道这是我养的鹤；去杭州游玩的人会常常在湖边遇上这只倘佯在山林湖边的仙鹤。每天早晨，我拿一个小竹篮让它衔在嘴里，篮里放几文钱，用纸条写上几个字，它就展翅飞上天去，一直飞到城里的豆腐店，店里的人都知道这是我的鹤，取了钱，依照纸条上写的，放几块豆腐或豆腐干在篮内，它衔着篮子再飞回来。有一天，它和我养在家里的两只金雉，一同冲天飞去，真是"杳如黄鹤"——从此就没有再回家来。

在《满清三百年》这出戏里，我打算扮演摄政王多尔衮，我想像中的多尔衮戴着红顶花翎，撩起袍角，反露出皮毛，骑着一头骆驼进关。有一天我正在揣摩这人物，弄口来了一个卖膏药的，牵着一匹骆驼，我灵机一动，心想：哎，能让这骆驼登台做戏有多好！我和卖膏药的商议，花了200元把它买了下来。这么大的骆驼家里养不下，我只得在石灰巷租了一幢屋子，请了两个人专门管着它，每人三十块钱一月，加上每天的豆饼、草料，花了不少钱，这样喂了快一年，给我训练得差不多了，我让骆驼跪就跪，走就走。有一次管骆驼的牵了它在街蹓跶，给一个外国马戏班看见了，仗着外国人在上海的势力，强行霸道，把它硬拉回团里去扣住不放，后来还是我自己去当面和他们评理才要了回来。

　　这时候有一个戏馆要唱《西游记》，想邀我参加，那时候武生都不愿演猴儿戏，我不答应。他们挽出一位蒋老先生来跟我说情，别的人我可以回绝，惟有这位老先生的情面难却。为什么呢？因为我父亲去世的时候，我家境困难，买地、下葬、料理丧事都是他一手帮助的，后来我摔断手臂也是他助我寻医治好的，我感激他的义气，所以他来一说我就答应了。

　　自我演出之后，戏馆接连卖了三个月的满堂，老板们大大地赚了一票。我养的那头骆驼，本来打算在《满清三百年》中用的，我为了使演出格外精彩，在这《西游记》中就让它和观众见了面，戏中猴骑骆驼，骆驼扎上彩头，披着耀眼的绣金缎鞍子，笼着橙黄的丝缰，那个打扮，漂亮得像外国象似的。孙悟空头上戴一顶小纱帽，牵着出场，连歌带舞，用手朝地上一指，喝声"跪下"，它乖乖地应声双膝一屈伏在地上，孙悟空一个纵身跳上它的背，它立起身来，驮着猴子，绕台走一个圆场，这一下把观众看乐了，大家都争先恐后地来看猴儿骑骆驼。

　　骆驼要熟人照料，生人不能驯服，我把原来服侍骆驼的那两个人也给他们扮上戏，穿上彩衣扮做牵骆驼的。因此，他们两人老在我面前嘀咕，要求给他们一些"点心钱"，我想他们辛苦一场，拿点钱也是应该的，当初"谈公事"的时候，没想到用骆驼，自然也没想到他们，现在既然给人派了戏，就该给人酬劳，于是就和剧场老板说，希望剧场给他们这么十块二十块钱，可是这些老板们却一口回绝了。你想，这匹骆驼我花钱买了来，赔上一年训练的功夫，食料、人工，用去不少的钱，按理说，骆驼也应该拆到份儿，这且不说，自己的《满清三百年》没唱成，倒先把骆驼用在《西游记》里，而且自己还破例演出猴儿戏，白白地给他们挣上一大笔钱，到头来连这一点正当的要求都不肯答应，由此可见这帮人的心黑了。

到底是《西游记》正在卖座的当口，他们怕碰僵了，丢了这个赚钱的机会，"敬酒不吃吃罚酒"，最后只得依了我的。

这匹骆驼跟着我跑过不少地方，苏州、镇江、南京、汉口都去过，每到一个地方，戏馆比接角儿还热闹，把骆驼全身打扮了，洋鼓洋号吹吹打打，从街上走过，赢得大街小巷的人都来争看骆驼。

后来，这匹骆驼因为没处洗澡，让身上的马虻给咬死了。骆驼死后，有人出七十块钱来买它的皮和肉，并说什么畜生死了不剥皮，下世投不了人胎；我不忍，还是花了三十块钱买了块地，把它埋了。

鹦　鹉

〔丹麦〕卡恩·布莉克森

　　一位丹麦老船长独自回忆起他的青年时代，他16岁的时候曾在新加坡的一家旅馆里过了一夜。他是和他父亲船上的水手们一块儿去的，在那地方他遇到了一位中国老太太，他们坐着谈了一夜。

　　老太太一听说他是远道来的，就把一只鹦鹉拿过来给他看。她说，这只鹦鹉是她青年时代的情夫、一位出身高贵的英国绅士送给她的。这个丹麦人不由得惊恐万分，这么说，这只鹦鹉得有100多岁了。旅馆里哪国的客人都有，因此，这只鹦鹉也就学会了好几种语言。但鹦鹉学说的话里有几句是中国老太太听不懂的，而且在她的情人送给她这只鸟儿时，它已经会说了。她向旅馆里的许多客人打听过，可谁也说不上那是什么意思，她自己也在好几年前放弃了打听的念头。但既然这位青年是从遥远的国家来的，说不定那正是他的语言，可以烦他帮助翻译一下吗？

　　丹麦青年被她的话深深地感动了。他望着鸟儿，心想，就这只讨厌的鸟喙也会说丹麦语！这念头差点儿使他从旅馆里跑出来，但他终于坐着没动，说他很乐意帮她的忙。于是，她让鹦鹉把那句话说出来，原来，它说的是古希腊语。鹦鹉讲得很慢，丹麦青年的希腊语知识使他还是听明白了那首小诗的意思：

星星隐，
午夜初过，
光阴飞逝，
我故茕茕。

当他给老太太翻译时，她咂着嘴，红红的眼圈里转着泪花。听完以后，她又请他重复了两遍，然后默默地点了点头。

清宫养鹰

毛宪民

据《资治通鉴》记载，唐太宗李世民独爱驯养鹰鹞。常将"佳鹞，自臂之"以寻欢乐。一次，太宗正玩在兴头上，有人禀报魏征到来，他一时所急，只好将鹞"匿怀中"；但魏征不予理会，奏事时间很长，结果这只皇帝得意的佳鹞，竟被窒息闷死于怀中。

以鹰为戏，应该说各个朝代都有，而尤为清王朝宫廷内最为讲究，豢鹰及猛禽机构也最全。早在顺治初年，即设立鹰房、鸦鹘房；乾隆十一年改为养鹰处、养鸦鹘处，三十七年养鸦鹘处，后总名为养鹰鹞处，其地点在紫禁城皇宫内东华门北之3座门路东房院内。养鹰鹞处设管理事务王大臣3人，协办事务兼鹰上统领2人，头领、副头领5人。帝王能将这些猛禽饲养在皇宫内，可见对其宠爱备至了。当然清宫廷内养鹰鹞，则完全是为供奉皇帝围猎之用。清代皇帝历来十分重视射猎习武，这也是老祖宗企望一代一代传下去的传家宝。特别是康乾时代，这种"骑射习武"之风最盛，"术兰秋狝"则是为一例。

每年秋天，皇帝要带领王公大臣、侍卫随从的射猎队伍，浩浩荡荡地到南苑和北苑游幸和行围射猎。而这时清宫内务府所管辖的养鹰鹞处的统领、头领带着驯鹰能手，披弓架鹰，牵狗相随，其壮势盛气凌人，好不威风。在"木兰秋狝"或上述行围射猎完毕后，皇帝要在避暑山庄万树园举行庆功宴，在宴会上还要常演奏一曲《飞燕捉天鹅》，增添了宴会的欢乐气氛。

鹰鹘能被清代帝王所喜爱，是因为它是捉捕射猎的天然助手；另外，用鹰鹘捕捉雉禽兔兽等，也可供皇帝祭祀或御膳之用。据《清稗类钞》记载，"辽东皆产鹰，而宁古塔尤多"。乾隆帝钦定的《满洲源流考》一书中，已援引《大金国志》关于鹰鹘的记述。在女真的土产中，鹰鹘是禽类贡宫廷的重要一项。如《清稗类钞》所列的吉林进贡方物中更有"七月进窝雏鹰鹘九只……十一月海青芦花鹰、白色鹰俱无额数"的记载。在贡纳清廷中的名鹰，首推"海东青"，即"首雕出辽东，最俊者谓之海东青"。该鹰喜山巅云海，飞翔如旋风直冲云际，以小制大，善捕天鹅。金人赵秉文曾作《海青赋》云："俊气横鸷，英姿杰力。顶摩穿苍，翼迅东极。铁勾利嘴，霜排劲翮"，明代僧梵琦也赞誉海东青"玉爪金眸铁作翎，奔云突雾入紫霄"。

据《钦定大清会典事例》记载，清代鹰户向朝廷交鹰，可将鹰折银，抵销正赋，可见，清宫廷帝王喜欢鹰鹘到了何等程序，赏赐银两之优厚，足见海东青之珍贵。

清宫饲养鹰鹘以肉食为主，以符合猛禽之天性。清宫档案有乾隆年《养牲底簿》记载：雕鹰每只每日食用羊肠10两；而鹘子每只每日则食用6只麻雀……

由于清代皇家对鹰的喜爱和重视，所以王公贵族、八旗子弟也都效仿，以鹰为戏，他们驯鹰除了采用明朝驯鹰方法外，还要采用一些其他方法，诸如驯鹰的第一步是"熬鹰"，行话叫"上宿"，即要熬它的野性子就不准它睡觉。因为鹰白天从不睡，但到晚上才能安睡，晚上熬鹰也不会乱飞。这样人也不能睡，昼夜看守。此外对鹰要禁食，仅喂其白菜水。还要带鹰到人多热闹的地方去，使它连闭眼的时间都没有。所以训1只鹰最好有3个人，1人担任前夜，1人负责后夜，1

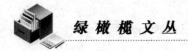

人白班。在宫廷里，驯鹰任务自然是由清宫内务府养鹰鹞处来具体负责饲养与训练了。

当宫廷鹰鹞经过严格的驯化后，就要随着清帝巡幸木兰围场和其他御苑行围射猎了。届时，皇帝亲自放鹰即成了行围射猎的一个主要项目了。

养蟋蟀

金受申

北京秋虫的种类很多，只蟋蟀能斗，以外都只以鸣声为主。

北京产蟋蟀的地方很多，西山福寿岭、寿安山、黑龙潭、南北二三十里以内都产佳种，尤以北山的绵山以东七十二山头及关沟一带更佳。十三陵地带内所产蟋蟀在各地之上，所以北京著名的蟋蟀贩子每年都要裹糇粮、带呲嘴、携挖蛐蛐器具远征一次。先到西山，次到北山及十三陵，每次远行以 10 日为度。两次所得足供全家一年衣食，如得特殊佳种，还可来两件老羊皮袄穿穿。

《帝京景物略》说：蟋蟀的颜色"以青为上，黄次之，赤次之，黑又次之，白为下。"这种说法只是书本上的话，实际蟋蟀的颜色分别很少，哪有青如花青、黄如藤黄、赤如朱标、黑如墨、白如雪的颜色？更有甚者，分为真青，深青、淡青、蟹青、虾青、油青、草黄、狗绳黄、菊黄、油黄、枣红、银红、正红、墨黑、灰黑、梨白、芦白等几十种颜色，分别却很细微了。蟋蟀的颜色，完全由地土、气候的变动而生出各种颜色。所谓"青为上"的，便是砖石之地产生的刚劲颜色，战斗力自然也雄健多了。蟋蟀更重在头、颈、牙、腿几部分。头部的分别多以颜色区分，如红麻头、白麻头、黄麻头、金丝额、银丝额等二三十种，但总以头大面圆为上。蟋蟀头应似蜻蜓头，以大过肩项为佳。有一种头颅细小的蟋蟀，有的是不够发育时期，有的是人工孵化，发育不足，一看便不美观。人工孵化的蟋蟀，虽然雄赳赳颇有虎气，下盆一斗便立刻败北，弃甲曳兵跳走了。所以蟋蟀以首项肥、腿胫长、背身阔的为上品。选择蟋蟀，腿要长大，圆厚实在，光泽深润没有斑点的为佳。腿上带红斑、白斑、花斑、晶白、淡黄色的，战斗力就小得多了。蟋蟀翅也很要紧，因蟋蟀发育蜕壳时翅露在外面，一受外界天时的侵蚀便减低了战斗力，例如"土狗梅花翅"，土狗形是很强有力的，但因蜕壳时翅上沾了露水，皱成深纹，就减低了战斗力，但因这种蟋蟀形多常见，大家都以为是好种，其实不然。此外，琵琶翅、长衣翅、大翅是以形分翅的种类；金银翅、玻璃翅，是以色泽分翅的种类；至于左翅、哑翅，就是翅的变态了。蟋蟀须也有许多不同，有直长的，有短粗的，有卷回的，有带节的，但都是双须，如插雉尾的武夫。蟋蟀的牙以色深光泽如金红黑色者最佳，牙要根宽长大、齿尖利锐才坚固而利于啮斗。至于红牙、黄牙、芝麻牙等，凡颜色淡雅短小的都是下等蟋蟀。

蟋蟀所谓名种都是可遇而不可求，也是不常见的。如"油利达"、"蟹壳青"、"枣核形"、"金琵琶红"、"沙青"、"沙绀"、"土蜂形"、"土狗形"、"螳螂形"、"蝴蝶形"等，虽见传说，却有一生没见过的。蟋蟀尾部是区分雄雌的主要标志，二尾能叫能斗的为雄，三尾不能叫不能斗的为雌。二尾雄虫固然可爱，但没有三尾雌虫也是不行的。

养蟋蟀的器具，种类很多，以"蛐蛐罐"为最讲究。蟋蟀除"抓老虎"供听叫和儿童游戏以外，是不能许多个放在一起的，所以需要各个单养的盆罐。蛐蛐罐也和古玩一样地讲究。以赵子玉所制澄浆细罐为最佳。罐高15~18厘米，直径12~15厘米，盆厚1.5厘米，坚厚异常，赵子玉所做的很多，伪做的也不少。此外，还有"淡园"造的养盆和"排子盆"细润如汉瓦魏砖，隐起水痕。还有"万礼张"造的细盆，也是很好的。饲养蟋蟀的方法很多，最要紧的是先必须知道蟋蟀的习性。蟋蟀性喜暗、喜湿、喜性交，所以饲养上先要注意这几点。善养者能由立秋养到小雪、大雪，更要注意这长达四个多月中的气候变化。在立秋后一个半月内，只要罐内湿润不干燥，不必另放水槽。食物以烂米饭粒为主，并须适中，不可太多。太多则痴肥不可战斗；太少则瘦瘠不能战斗。也可以少加些青毛豆。秋分以后一个半月内，要把毛豆增加一些，或加极少的肉类，如羊肝、虾蟹肉等，但绝对不可太多，甚至不加也可。立冬以后，蟋蟀已不能战斗，但为酬谢它的勋劳和为听其鸣叫，是不忍抛给猫吃的。此时的蟋蟀已是非肉不饱的暮年了，食粒便在补益上着眼，肝肉自不可缺少，如遇特别名种，则调护惟恐不至，豆、枣、莲子都要预备。

蟋蟀是喜欢水的，平日宜放湿僻的地方，每日要水涮罐，但罐内不可存水太多。至秋分以后再增加湿度，添置水槽，所谓"食养"更须"水养"的，就是这个道理。专养蟋蟀的更须置备三尾雌虫。雌虫若是不健全而有隐疾，对于雄虫的发育和健康也很有关系，对于过铃迟速也很有关系。因之雌虫的选择，也要费一番心思。预先选好雌虫，分别饲养（未过铃以前雌虫可以数头放在一起）至秋分以后即可取一只雌虫放进雄虫罐中，须时时审视，看雄虫是否欢迎。如经过人力撮合仍不能相配，就必须另换其他雌虫。雌雄相得之后，发出一种细微颤音，北京称谓"打各子"，即是雌雄情极欢畅的表现。雌雄相得即有颤音打各子，再看雌虫大扎枪上挂有白珠，应将雌虫取出休息，再入新虫，换雌而不换雄。

蟋蟀在秋分、寒露、霜降三节气内，正是鹰扬虎视、大战疆场的时候，故调护益发要紧。此时天气逐渐寒冷，养蟋蟀雇有把式的必要卖弄精神，表现身手。除各个蟋蟀罐要做棉套以外，清晨晒日光，日午又要抬到背阴的地方，晚上前夜在天棚下稍受风凉，夜中就又抬到屋里去了。如遇太冷或赴会战斗时，用双层大锡壶盛热水，放于圆笼中央，四周排列蛐蛐罐，因蟋蟀不能感受太寒的天气。立冬以后，尤须加倍注意。今人尤以水蜘蛛为蟋蟀红色补丸，蜂卵、蚂蚁卵为兴奋剂，都是几百年试验成功的。养蟋蟀也有许多禁忌。第一既要保持温度，又不可用火力烘烤；第二最忌油腥酒蒜恶气。

从立秋节起两个月内，前一个月是购得佳种加以人工饲养，看其形态有无变化，体重有无增加，加意培育。以期成为一员耐战的战将。到后一个月内，已然由养蟋蟀的经验中看出特别佳种，选出另加饲养，也有在此时就下场啮斗的。自秋分起，两个月内为大战斗时期。好一点的特别名虫，有的留在后半期才起盆下场，也有的前半期已然下场，战斗力仍然旺盛，可以延至后半斯再战的。但更多的是前半期战得弃甲曳兵，不堪再战的。蟋蟀的特性是：虽然富于猛的啮斗力，但一经战败就永远不能再下场啮斗了。所以养蟋蟀有经验的人，对于已然选定的名种，不肯随便和劣种斗着玩，尤其要在霜降以后才肯起盆下场的。凡够将军资格的蟋蟀，都要往后多留一些时候，养蟋蟀家常说的："铁甲将军战玉霜"，就是这个意思。

蟋蟀争斗本是昆虫中一种自然能力，但仍可借人力指示机宜，那便是"探子"的作用了。儿童使用的探子自然不讲究，猫须狗须皆可，正式斗蟋蟀就要用鼠须了。蟋蟀经过几次啮斗之后，便有了相当的经验，经过大败的不在此例。以后虽遇劲敌，也能用巧妙的趋避方法，不致有什么特别败迹。蟋蟀的本性好淫，在大战以后，只须看其形式重轻，休息一日至五日。即须将雌虫放入，令其交配过铃，得到性的安慰。蟋蟀啮斗也有几种禁忌，"未曾过铃"也是其中一种。

蟋蟀立冬以后，即逐渐走入龙钟老态时期，"壮士暮年"虽能勉强临阵，已无取胜把握，此时蟋蟀鸣声低微，翅间松弛，须毛短脱，腹部长出，如人之垂腓重肉，一代名虫，将随秋以俱去了。啮斗的蟋蟀因发泄精力过甚，多半不能度到深冬，凡深秋寒夜能鸣叫的蟋蟀，有的是未经啮斗过，有的是晚秋方才蜕出之种，大部为人工火力孵化的。人工孵化的蟋蟀，虽是健壮的稚虫，但因气候和蜕变关系，只能听叫声而不能用来啮斗。

玩赏金鱼

杨宪益

金鱼虽然只是一种徒供玩赏的东西，但从这里，我们也可以看到我国文化的丰富多彩和劳动人民的智慧。

金鱼和菊花或茶叶等，推其起源，并不是什么我国所特产的动植物，但经过几百年劳动人民的仔细选种培植的结果，这些东西都有了很大变化。

世界上任何地方都没有像我们那样种类繁多的菊花，也没有我们那样分门别类的茶叶，金鱼更是我们的独特发现。

当我们走进北京中山公园，看到那些多种多样的金鱼的时候，我们不禁为我国悠久的文化传统感到骄傲。

中国一句古话："智者乐水"，就是说，有智慧的人从流动的水可以悟出许多真理。所以孔子看到东流的河水就感到宇宙的永恒和人生的短暂。观赏水里的游鱼更是智者的消遣，所以古代的哲学家庄周和他的朋友在观鱼时曾做过一次有趣的辩论："看呀，水里的游鱼多么快乐呀。""你不是鱼，怎么会知道鱼的快乐？""你不是我，怎么会知道我不知道鱼的快乐？"

我们还可以举出其他有关观鱼的古代故事，但观赏游鱼成为一般人民的爱好，则似乎是在唐末以来才开始的，可能这与封建社会中市民阶级的兴起不无关系。从古代图画的记载也可以看到这一点。宋代的"宣和画谱"里才开始以"龙鱼"为画的一门。在这本书的序论里提到过去画家总是把鱼画为一种食物。放在厨房里或饭桌上昀。在五代时才有一位姓袁的画家，以画鱼蟹著名。后来又有一位画家刘寀也是以画鱼得名的。从五代到北宋末年，书里一共举出 8 位画鱼的画家。所以图画以游鱼为题材大概是在这时，也就是说公元 10 世纪左右才开始。养金鱼当然又应该是以鱼为玩赏物以后的事。

最早养金鱼的记载与我国宋代大诗人苏东坡有关。在他一首访问西湖南屏山兴教寺的和尚的诗里，有这样两句，"我识南屏金鲫鱼，重来倚槛散斋余"。宋代苏子美的游西湖诗里也提到那里的"金鲫"。宋代彭乘所写的笔记"续墨客挥犀"里说，西湖南屏山兴教寺池里有十几条金色的鱼，人常常倚着栏杆观赏，并投给它们食物。他也提到苏东坡这两句诗。所以金鱼似乎是北宋时才有的，最初发现的地点是杭州西湖。苏东坡把所访问的和尚称为"臻师"，这位"臻师"也许就是第一个养金鱼的人。

13 世纪初年有一位岳珂，他是岳飞的孙子，写了一本笔记叫做"桯史"，里面有些当时养金鱼的记载。从那里可以见到，从苏东坡的时代起，到南宋末，这短短 200 年间，养金鱼已渐渐成为一种普遍的爱好。笔记里说当时贵族官吏常凿石为池来养金鱼，以供玩赏，养金鱼的人能变鱼的颜色，但不肯说出他的办法。据说用污水沟里生长的小红虫喂鱼，经过 100 天左右。白色如银的鱼就会渐渐变黄，终而变成金色。但作者也没有试验过是否如此。另外又有一种白底黑花的鱼，叫做玳瑁鱼，也很好看。有人曾把杭州的金鱼带到成都去，并带了三大船的西湖湖水去养鱼。当时金鱼已有多种多样，"诡形瑰丽不止二种"了，但只有杭州人晓得养金鱼的方法。

明代养金鱼更为普遍，记载里提到金鱼也很多。郎瑛的笔记书

"七修类稿"就说，当时南北二京的官吏有不少养金鱼的，最普遍的是一种红如血色的"火鱼"。在杭州几乎没有一家不养鱼的，并且把金鱼拿来竞赛赌钱。有的人家养鱼多到十几缸。但这位作者似乎对养金鱼很外行，他说，金鱼的味道远远不如鲫鱼好吃，这真是有些煞风景了。

欧洲国家养金鱼是从中国传去的，据说是在 13 世纪。不过养金鱼的西方记载多见于十八九世纪。英国的 18 世纪诗人葛瑞就有过一首为人传诵的诗。叫做"爱猫在养金鱼的中国磁缸里淹死歌"，原诗太长，兹不具引。

养金鱼是一种技术，需要很多的耐心与时间来选种和培养。不小心金鱼就会退化，渐渐失去它的色彩和光泽以及特殊的形状。金鱼也常常产生新的品种。水的温度要保持一定，不能忽冷忽热。自来水含氯是不适合养鱼的，用自来水养鱼会使鱼的颜色褪落。金鱼经常的食物是鱼虫，有时也可以用羊肝或风干的牛肉细末来代替。养金鱼的器皿最好是陶制大缸或木盆，玻璃缸并不太合适，因为上面不能生长绿苔，而且传热太快。夏天换水要勤，每天可抽换十分之五，不可使水温过高。秋天换水可减少，但这时鱼的食量增加，要多给食物。冬天则不必常换水，也不必给食物。春天是金鱼产卵期，缸里可放点水草，使鱼在上面产卵。产卵后可把水草拿出来，另放净水盆里，在太阳光下暴晒，快则四五天，多不过两星期就可变成小鱼。小鱼要吃一种最小的水虫，或用煮熟的鸡蛋黄代替，一两个月后就成为大鱼了。

现在北京中山公园的金鱼，据管理人员说，有 20 多种，如紫龙睛球、五花蛋凤、花帽子、红望天、蓝绒球、蛤蟆头、翻鳃等。这还是受了养金鱼的器皿数量的限制。金鱼常常有新的变种，如果鱼缸多一些，还可培植出来更多的品种。金鱼的寿命相当长，中山公园的金鱼有活到 20 多年的。每天都有许多游人来赏玩金鱼，公园的金鱼已经成为假日的工人、学生和农闲时进城的农民欣赏的对象。

动物给我惹的麻烦

〔奥地利〕 劳伦兹①

　　我简直不知道应该怎样感谢我那有耐心的父母亲，当我还是个孩子，在小学念书的时候，常常会带一些新鲜的玩物回家，有时它们的破坏性极大，不过我的父母总是摇摇头，叹叹气就算了。还有我的太太，这些年来真是亏了她，你想谁的太太会让一只家鸟满屋子乱跑，把好好的床单一点一点地咬下来做窝？我们晾在院子里的衣服常常会被鹦鹉将上面所有的扣子都啄掉；我们的卧房也常有雁鹅来过夜，到了早上它们又从窗户飞出去（雁鹅是种野禽，不容易训练它们守规矩）——像这样的事，谁的太太受得了？还有：我们养的一些善歌的鸟，每次吃饱了浆果，就会把屋里所有的家具窗帘都染上小小的蓝点子，怎样也洗不掉。碰上这样的事，你想一般人的太太会怎样说？其实这类的例子多得很，我要一一列出，可以记满 20 页。

　　也许有人会怀疑我对动物太纵容了，认为我说的这些麻烦事并不是绝对不可避免的。那就差了，虽然你可以把动物关在笼子里，放在客厅里当摆设，但是，你如果想真正了解一个智力高、精力足的生物，唯一的方法就是让它自由活动。那些被人一天到晚关在笼子里的猴子和鹦鹉，是多么的悲哀和迟钝啊！可是同样的动物，在完全自由的环境里，却是难以置信的机警和生动。

把高等动物养在不受拘束的自由环境里，向来是我的专长，我之所以这么做，其实也是基于科学方法的理由，我的大部分研究工作就是针对自由自在、不关在笼子里的家养动物。

在艾顿堡，笼子上铁丝网的用处和别处不一样，它的目的是使动物不进屋子和前面的花圃里去。我们将花圃的四周都围上了铁丝网，"严禁"它们走进。不过那些智力高的动物和小孩子一样，越是不要它们做的事，它们越是要做，而且那些热情的雁鹅又特别喜欢和人在一起，因此，常常在我们不注意的时候，20只或30只的雁鹅就已经摸进了花圃里。有时更糟，它们会一边大声地叫着打招呼，一边飞进我们屋里的回廊里，到了那时，要赶走它们就难了。因为它们不但会飞，而且一点也不怕人；无论你吼得多大声，把手挥舞得多使劲，它们都视若无睹。我们唯一有效的赶鸟法就是一把巨大的红色阳伞，每逢它们偷跑进我们新种的花圃里挑山吃的时候，我的太太就会带着这把阳伞，冲到它们面前，像个挥戟陷阵的武士一样，出其不意地把伞张了开来，同时发出一声大喊，再猛地将伞一收。雁鹅也觉得她这一招过于厉害，于是随着一阵翅膀鼓动的声音，这些大鸟就一个个地逃之夭夭了。

不幸的是，我的太太在管教雁鹅上面花的心血，大半都被我的父亲毁掉。这位老先生特别喜欢雁鹅，尤其倾心公鹅勇敢的骑士风度，几乎每天都要把它们请到书房旁边、四周都有玻璃围起来的走廊上吃茶，无论怎么对他解说都没用。而且那时他的视力已经坏了，一定要等他的脚上踩满了鹅粪，他才会悟到这些客人做的好事。

一天傍晚，我到花园里，忽然发现几乎所有的雁鹅都失踪了，这一惊真是非同小可，于是，我立刻赶到父亲的书房里，你们猜我看见了什么？

在我们那块漂亮的波斯地毯上站着的，可不就是那24只鹅？它们紧紧地围着我的父亲，而这位老人家呢？一边喝着茶，一边看着报纸，一边一片又一片地将面包喂鹅！这种鹅通常在陌生的环境里都会感觉紧张，糟糕的是它们一紧张，消化作用就不正常。就像其他的草食动物一样，鹅的大肠里有一段盲肠，专门用来分解粗纤维的食物以便食物吸收。正常的情形下，大约六七次的大便里，会有一次是从盲肠排出来的。这种粪便不但有一股刺鼻的臭味，而且颜色也和平时不一样，是一种醒目的暗绿色。如果一只鹅心里一紧张，它的盲肠就会一反常态，大忙特忙。

从那天下午的茶会到现在已经过去 11 年了，那张地毯上的斑斑点点也从暗绿色渐渐变为淡黄色。所以，你们看得出来，我们养的动物不但享有完全的自由，同时对我们的屋子也相当熟悉。它们看见了我，从来不逃开，反而会向我走近。别的人家你也许会听到："快！快！鸟从笼子里逃出来了，快把窗子关上！"之类的喊叫，我们家里叫的却是："快！快关窗子，那只鹦鹉（乌鸦、猴子……）要进来了！"

最荒唐的是，我的太太在我们大孩子还小的时候发明了一种"颠倒用笼法"。那时我们养了好些大而危险的动物：几只渡鸦、两只大的黄冠鹦鹉、两只孟高芝狐猴，还有两只戴帽猿。如果让小孩子单独和它们在一起，真是太不安全了，所以我太太临时在花园里做了个大笼子，然后把——我们的孩子关了进去！

就高等动物而言，它们喜欢恶作剧的程度和调皮捣蛋的能力是和智力成正比的；由此之故，有些动物，尤其是猴子，不可以老是放任不管。这里面狐猴是例外，因为它缺少一般真猴子对家庭用品寻根究底的好奇心。一般的真猴子，甚至那些在家谱上低了一辈的美洲猿对任何一样新东西，不但有一种没法满足的好奇心，而且还会拿它们来做实验。也许研究动物心理学的人会觉得很有趣，可是长此以往，对于家庭过度的开销，就会让人吃不消。我且举个例子：

人类的芳邻

　　那时我还是个年轻的学生，我的父母亲在维也纳有栋房子，我在里面养了只雌的戴帽猿，它的名字叫"歌罗丽亚"。在我的书房兼卧室里，它占了一个又大又宽的笼子，每次我在家可以看着它的时候，我就放它出来在屋里自由活动，我出去的时候，就把它关在笼子里。它可顶不喜欢在笼子里无所事事了，总是尽量想法子逃出来。

　　一天晚上，我出去很久才回家，当我打开电灯的开关，却发现屋子里仍是漆黑一片，不过当我听到歌罗丽亚不在笼子里，却从窗帘横杆上发出吃吃的笑声时，我就猜出停电的原因了。于是我点了根蜡烛回来，发现房里简直一塌糊涂：它把我床边一座沉重的铜制台灯，连插头都没取下。就硬丢到床对面房间那一个养鱼的水箱子里去了。水箱上的玻璃盖子自然破了个大洞，台灯一直沉到水底，电流因此也断了！不知道是在这件罪行之前还是之后，它还把我的书柜打开了（钥匙孔那么小，它竟然能把锁弄开，本事实在不小），拿走了史庄佩尔的药典第二册和第四册，带到水箱前面，把书一页页撕下来，塞进鱼池子里，两本书的硬壳子都丢在地上，可是一页纸都没有了。水箱里海葵委屈地歪在一边。触须上尽是纸屑……

　　整个事件最有趣的部分就是它对事物关联性的注意。歌罗丽亚一定用了相当久的时间完成它的试验。只看它花的力气，就这样一只小动物而言，就很值得我们赞赏了，可惜就是代价太昂贵了一点。

　　用这种听其自便的法子养动物到底有什么好处，可以叫我们对以后层出不穷的麻烦事和无底洞似的花费不予细究呢？撇开前面已经提过的，为了方法学上的理由，有些专门研究动物心理学的人会需要一只正常的、不是囚犯的动物，作为观察对象；除了这个原因之外，一想到它们可以逃走，却不逃走，尤其想到它们是因为不愿离开我才情愿留下来的时候，我就觉得无法形容的快乐。

　　有一次，我在多瑙河岸边散步，听到一只乌鸦嘹亮的叫声，这只大鸟本来高高地在天空里，一听到我回叫的声音，立刻毫不迟疑地从云霄里敛翼直下。就在它快冲到我身上的那一刹那，它的翅膀张开了，速度也跟着煞住，只见它轻如鸿毛地飘落在我的肩上。这时，它从前做的一些坏事，譬如撕毁的书、打翻的鸭巢，似乎都得到补偿了。最奇妙的是，虽然我们把这只大鸟养得和别人家的猫狗一样驯良，像这样的经验就算一再重复，也不会因为司空见惯就失去魅力。我和野生动物交朋友早已是家常便饭了，所以得在非常特别的场合里，才会意识到这种交情原来并不寻常。

一个有雾的春天早晨，我又在多瑙河边散步，那时河水还和冬天的对候那样浅，许多候鸟，像白颊凫、秋沙鸭、鸫鸥等，以及左一群右一群的鸭鹅，都紧贴着狭窄的河面飞翔游嬉；另外还有一群雁鹅，也夹在这些候鸟中间，就像和它们是一伙似的。我看得出来这群排着整齐的阵式缓缓飞翔的鹅，左手边的第二只，翅膀末节上的羽毛没有了。我的脑海里立刻涌现了它怎样丢掉这根飞羽的经过，因为这些都是我的雁鹅啊！

那雁行阵上排在左边的第二只鹅，它的名字叫"马丁"，它是因跟我一手带大的雌鹅"玛蒂娜"成了亲才得名的。从前马丁只有个号码——我只给亲手带大的雁鹅取名，凡是由自己父母养大的都只有一个号码。

通常雁鹅在订婚之后，年轻的丈夫就会亦步亦趋地追随着它的新娘子。玛蒂娜因为是我养大的，所以在我们内屋里进进出出毫无顾忌，也不问问它的未婚夫。马丁可是在外面长大的，现在却不得不随着它的新娘子到它不知道的地方乱闯。

只要想想一般的雁鹅要鼓起多大的勇气，才敢到没有去过的灌木丛和树下走动，你就知道这位伸长了脖子跟着它的新娘子登堂入室的马丁，实在可算是大英雄了。那晚它已走到我们的卧房里了，因为害怕的关系，它的羽毛紧贴着身子，紧张得微微发抖，不过它仍骄傲地站直着，并不时从喉咙里发出嘶嘶的声音向未知的危险挑战。就在这时，它身后的门却突然砰一声关上了，虽然它是个英雄，这时也没法子再保持冷静，它立刻振翅直飞，撞着了屋顶中央的大吊灯，灯上的玻璃附件破了几片，它的一根飞羽也因此折断。

这就是为什么我会知道，雁行阵里左边第二只鹅会少了一根飞羽的原因。最叫我感到安慰的就是：我知道等我散完步回家，这些现在还和其他的野生候鸟混在一起的雁鹅，会到回廊前面的台阶上欢迎我，它们的颈子会伸得长长的。鹅的这种姿势就和狗摇尾巴是一样的意思。

当我的眼睛随着这群雁鹅飞到另一个水湾的时候，我的心中忽然地涌起一股激情，就像是哲学家忽然悟道一般。我深深感到惊讶：

三十年来，你一直在我的跟前，

高地低谷，都能见到你的笑靥，

但是我却不认得你，直到今天，

现在，不论我走到哪里，眼向哪边转，

处处只见你，一天至少也有五十遍。

人和野生动物间居然能够建立起真正的友谊，这不啻是种难得的幸福。这种体会真使我非常快乐，使我对人之从伊甸园被逐，也不觉得是件苦事了。

现在，我养的渡鸦都走了，雁鹅也因为战争而分散，其他自由飞动的大鸟小鸟也都不在，只剩下穴鸟——它们其实也是我最先在艾顿堡养起的鸟儿。这些老家人仍然在高墙上盘桓，我的书房里也仍然可以听见它们从暖气炉传进来的尖锐叫声，我懂得它们说的每一句话。每一年它们都会回来在烟囱旁做巢，并且为了偷吃樱桃，把邻居们都惹得动气。

你相不相信？实验结果并不是你得到的唯一补偿，还有许多许多别的，使得你情愿忍受动物的麻烦和为它们付出的恁多花费。

（季光容　译）

①劳伦兹是动物行为研究的先驱，1973 年诺贝尔生理学或是医学奖获得者。本文选摘自他脍炙人口的科普著作《所罗门王的指环》，意指他能同动物交谈。

老人与鸟

[法] 卢 岚

　　这儿夏日的黄昏很长，晚上 9 时过后，屋子西墙上仍然镀着一层淡淡的阳光，到 11 时，夜幕才降临。从前在巴黎十三区居住时，为打发那悠长的傍晚，常到邻近的植物公园散步。作为市区内的公园，它的面积可以说相当大，而且规模完善，精雕细琢。公园创建于 18 世纪，不少树木已逾 200 年历史。200 年前博物学家布丰亲手植下的一株法国梧桐树，现在已经古木参天了。植物园内，最吸引游客的部分是一座面对塞纳河的动物学博物馆（一座宏伟而华丽的古堡）和它前面一片占地广阔的长方形花圃。花圃两侧各有两排已有相当年月修剪得很整齐的梧桐树，树木上端枝叶交错，当中隐约露出一线蓝天。春夏间浓荫覆盖，成了两条漫长的绿色长廊，公园的入口处，竖立着进化论者拉马克（Lamarck）的雕像。与该像遥遥相对的古堡前还有布丰的雕像。那片广阔的花圃分成无数或长或方的草坪，绿草中种了各式各样的花卉，每个季节，均时花烂漫，特别在春夏间，桃红李白，群芳争艳，醉倒了蜂蝶，迷惑了游人，妇人孩子都情不自禁地把鼻子凑到花朵上。人置身其中，像泅游在花的海洋里。微风下，一排排的红浪直向身边扑过来。

　　就在这样的一个公园里，我们每晚遇见一位老人，他红光满面，衣冠楚楚，或坐在椅子上看报，或与旁人侃侃而谈，有时又见他在喂麻雀、白鸽。他每天来公园，总是大袋小袋的挽着雀粮、雀黍、大米、玉米、花生，应有尽有。那些早已吃惯了的雀鸟，一早便在公园的栏杆前等待，只要远远瞥见他的身影，便突然腾地起飞，像鸟云似地黑压压一群迎上前去，扑到他身上，前呼后拥把他拥进公园。然后，停到栏杆上，有的挤拥在他脚下，有的还飞落在他头顶或肩膀上，等待着派发食物。特别顽皮的，索性钻进袋里搜索，这时他会给那些尽想占大便宜的狡猾鬼一记耳刮子，嘟嘟哝哝骂它们是"流氓"、"强盗"。当老人把玉米或雀黍等撒到地上时，鸟儿便一群群飞扑过去，你挤我拥，你抢我夺。那些刚好在天空飞过的鸟儿，也闻风而至，纷纷飞下来，在泥沙地上掀起一阵尘土。

等到粮食喂完，鸟儿三五成群散去，老人便带着一撮狡猾的微笑，摸着外衣上的一个口袋，里面还有一包炒花生，是刚才瞒着那班"强盗"、"流氓"打下的"埋伏"。现在他要到树林去喂鹦鹉、了哥和金丝雀。到了林子边缘，便煞有介事地唤着小鸟的名字，这个叫"卡高"，那个叫"达地"，鸟儿也果然逐只逐只飞下来，在他手里衔去一颗炒花生，再飞回树上停着啄开来吃，如果叫一个名字，居然有两只鸟儿飞下来，老人会装得很能辨认的样子，把其中一个赶回树上。我不知道老人是否真能辨认出一大把子起了名字的鸟儿，也不知道鸟儿是否真能听懂自己的名字。然而，这一幕演得这样活灵活现，使人觉得十分好玩。到那一包花生也告罄，老人便坐下来与人聊天，直到入夜，守门人摇起阵阵铃声，才慢慢离去。

像这样一个公园，满眼尽是鲜花、绿树、白鸽、蓝天，椅子上坐满了优悠的游人，小孩蹒跚学步，追着白鸽玩耍，一切显得富足、和平、宁静，像人们梦想中的世外桃源香格里拉。于是我又联想到那位老人，觉得他能够在这样如诗如画的环境中，悠然自得地打发他的晚年，将是一件无所遗憾的事。我总把他看作一个给妻子惯坏了的老头，我想，这时他的老妻可能在家里给他预备晚饭；儿女呢？应该成家立室了，但也可能仍然承欢膝下。当他在公园里溜达完毕回家，老伴会出来给他开门，在他那红扑扑的脸上亲几下，把他带到已经上了晚饭的餐桌上，上面有牛排、炸薯条、红酒、草莓等等。晚饭在跳跃着的烛光底下开始，就像欧洲一个古老的家庭，里面充满了安乐和祥和……

然而，世界上很多事物，远远看过去总是美丽的。我们每晚举头看见的月亮有多美。觉得它美，因为它遥远，给人诗情画意的幻想世界。中国人从孩提时代开始，便听说月亮上有嫦娥玉兔，听说那里是一个可以避免一切人间痛苦的地方。及至太空人登了月，发现它竟然是一个没有一滴水，没有一丝空气的死寂世界。一个城市，远远看过去好像一座天堂，当飞机在港岛上空盘旋，准备降落的时候，你会觉得它像蓬莱仙境，但当你置身其中，你会发现它同样是一个为生存而争斗的世界。

而我呢，也终于发现了那位老人并不快乐，他的世界是一个清愁孤寂的世界。他说自己是个退休的外科医生，有一个女儿，已经出嫁了。几年前他妻子去世，现在一个人孤独地生活。从前老伴在世时，尽管只有两个人，但比起现在，已经快乐得好像夜夜笙歌了。现在老伴离他而去，给他留下来的，是几十年共同生活的回忆。他自己身体也不好，一个上了年纪的人大多疾病缠身，有苦自己知罢了。使他伤感的是他女儿，住在同一城市，每月只回家一次，每次逗留一分钟。她童年生活过的地方完全不使她留恋。女儿在他怀里长大，现在做父亲的不了解她。每次父亲准备了多少话，要向女儿倾诉，但是做女儿的总是来去匆匆。因而无论阴晴，他总是把偌大的屋子重门深锁，每天以公园为家，雀鸟为伴。这就是我当初以为快乐的老头儿……

爱畜之益

[美] 埃里卡·弗里德曼

　　饲养爱畜几乎是所有人类集团共有的现象。人类饲养家畜至少已有 1 万年的历史，而单纯捕捉、驯化野兽与之为伴（但并不注重繁殖）的历史就更加久远了。虽说最初对野兽进行驯养的动机还不清楚，但是在中石器时代。最初开始培育动物可能是由于某些地区的环境发生了有利的变化，可获得的食物大量增加。据考证，最先被驯养的动物是狗，后来是猫。

　　通俗报刊、电影和书籍中一再用实例证明饲养爱畜在现代工业社会中的重要性。爱畜，特别是狗，常被说成是人类"最好的朋友"。从象征意义的角度来说，爱畜很可能体现母亲同幼子之间的那种关系，即彻底的献身精神、挚爱与崇拜。爱畜可以帮助人们完成从幼年到童年、从依赖到独立、从生活不同时期和阶段出现的与外界隔绝到与社会融为一体的逐渐过渡。虽然人和爱畜之间的关系可能象征着母亲与幼子之间的关系，但是人和动物的物种之别是一种根本的差别。

　　在 20 世纪 70 年代之前，对于人与爱畜之间的相互影响有何益处很少进行科学研究。弗洛伊德承认爱畜在人的生活中起着独特的重要作用。他曾经写道："这确实可以解释人为什么会如此异常强烈地喜爱一个动物；那是没有杂念的钟爱，是不为文明社会中几乎让人无法忍受的冲突所影响的朴素心理，是完美的实体本身所具有的美……那种亲昵的感情，无可争议的一致性。"有关爱畜对其主人如何宝贵的材料都是一些奇闻轶事，都是个人讲述的有关某一个或某一种动物如何忠于主人、如何聪明伶俐、如何具有非凡的恢复能力的故事，却没有系统的科学研究提供的证据。

"饲养爱畜对您有益"这种普遍的看法现今已有了科学依据。爱畜能与人为伴，从而激起人养育它们的愿望，使人从事有意义的日常活动，减少孤独感。爱畜的主人触摸它们还能产生快感，放松精神，能有一种安全感，从而减轻他们的不安和紧张的程度。此外，爱畜还能使其主人产生锻炼的愿望，从而增进或保持身体健康。虽然研究动物对人体健康有何作用的人大都把注意力放在狗身上，但是相当多的证据表明其他爱畜也同样对人的健康有益。

孤独会使人生病或使病情加重，甚至可能导致死亡。有爱畜为伴能够减轻缺少同家庭成员或亲密朋友的往来所造成的病理影响，从而增进健康。爱畜对特别经不起孤独的折磨、同家人与朋友失去联系的老年人尤其有益。它们与主人为伴，而主人往往把自己的爱畜视为家庭成员，常常把它们当人似地同它们谈话，认为它们懂得自己的心境。

在一项关于社会因素、心理因素和生理因素对冠状动脉心脏患者的影响的调查中发现，养爱畜的人往往能活得长一些。不仅如此，爱畜对独居者、未婚者或丧偶者以及所有的人都有益。研究者得出这样的结论：爱畜对一个的健康有着特殊的作用。

饲养爱畜还能促进同他人的联系，增进同他人的友谊。爱畜能为住进医院或其他专门机构的人同外界的亲友取得联系。许多饲养爱畜的人自己住进医院后每天都要询问其爱畜的情况。

独居者或者同他人交往而得不到回报的人往往会感到忧郁，觉得自己无用，丧失自尊。这些感觉使他们在心理和生理上对日常生活中出现的难题作出更强烈的反应，而这样又会减少身体抗感染和抵御疾病的能力。饲养爱畜会减轻上述感觉，在遇到麻烦、受到挫折、朋友去世或其他导致情绪紧张的事件时也会减少痛苦。

照料爱畜还能改变自我形象，更好地照料自己。在一项对美国老年人的调查中发现，饲养爱畜的人比不饲养爱畜的人的自力更生能力、独立性、助人精神、自信心和乐观态度都强得多。爱丁堡的一位社会工作者甚至采用劝导上年纪的人饲养爱畜的方法，使他们更好地照料自己。这位社会工作者发现向她求助的一些老年人冬天只靠在户外升火取暖，便送给他们一些观赏鸟，并叮嘱他们这种鸟需要温暖的环境，一定要使室内保持较高温度。得到鸟的老年人那个冬天没有一个患体温过低症，而体温过低症是爱丁堡地区老年人死亡的一个主要原因。所以，爱畜毫无疑问对它们主人的健康作出了贡献。

人们越来越认识到触觉在人生的各个时期有着重要的积极作用。爱畜对于某些人是重要的触摸对象，若没有爱畜他们就无法获得触摸的快感。触摸小动物会减轻一个人不安与紧张的程度。通过触摸不仅可以表示爱怜，而且对主人的心血管系统也有好处。人们在抚摸爱畜时往往还对它讲话。而这两种活动各自产生的作用是无法估计的。研究者们报告说，边抚弄爱畜边同它们讲话不会像同人讲话那样使心血管系统处于亢奋状态，从而证实了人同与之为伴的动物之间是没有威胁的，而且能起到支持的作用。

爱畜能带来宁静感与安全感。如果有爱畜同行，人们也许更愿意出去散步，自己不在时有爱畜看家，离家外出或者探望朋友也更快活。做广告的人，甚至政治家，认识到有爱畜同在能产生令人愉悦的气氛，因此常常带爱畜参加活动，创造自己所希望的氛围。有小动物同在时，人们会觉得那场景及场景中的人更加友好，更少威胁性。

有动物在场，人们往往把注意力集中在动物身上，尤其是在气氛紧张的情况下更是如此，能减轻紧张程度。在施行牙科手术时，观看在鱼缸中游来游去的鱼儿，对于减轻疼痛和不安具有同催眠术一样的作用。这类观赏自然景物的办法对降低血压也有好处。

饲养爱畜还能使人具有责任感，可以消磨时间，鼓励人们生活得更加丰富多采。承担起饲养爱畜的责任，对于那些长期患病、身有残疾或孤立于社会生活之外而活动有限的人尤为重要。

在幼年时期饲养爱畜，能使儿童同自然界发生联系，有助于教会孩子爱护其他有生命的东西。对于年龄稍大一点的孩子来说，承担饲养爱畜的责任有助于培养他们的自尊、自信和独立性。从幼年到成年，各个时期饲养爱畜都能起很多作用。一旦同一只动物建立起联系，同别的人建立关系也就比较容易了。

编辑后记

　　江泽民同志在 2001 年"七一"重要讲话中指出："要促进人和自然的协调与和谐，使人们在优美的生态环境中工作和生活"，这就是我们选编这部《绿橄榄文丛》的目的，旨在精选中外科普名篇，通过科学文艺形式，提高读者的环境保护意识，为"努力开创生产发展、生活富裕和生态良好的文明发展道路"尽一份绵薄之力。我们之所以能在较短时间内，完成这部内容丰富、文字生动的关于环境知识小丛书，主要由于承蒙有关选文的作者、译者的热情支持，并且得到广西科学技术出版社和中国环境文学研究会的积极协作和相助，我们在此一并致以由衷的谢忱和敬意。

《绿橄榄文丛》选编小组